高等职业院校互联网+新形态创新系列教材·计算机系列

软件项目测试(微课版)

郭文欣　翁代云　韩永征　主　编
吴科宏　朱广福　任冬梅　副主编

清华大学出版社
北京

内 容 简 介

本书共分为 12 个模块，主要内容包括软件工程项目、软件测试基础、软件测试技术、提取测试需求、制订测试计划、设计测试用例、跟踪记录缺陷、兼容性和易用性测试、性能测试、总结测试报告、自动化测试、质量管理，贯穿软件项目产品质量所涉及的知识与技能。本书以模块化组织教学内容，每个模块设立教学目标、知识导图、知识准备、知识自测、实践课堂、学生自评及教师评价环节，条理清晰、语言流畅。本书采用"以学生为中心、学习成果导向、促进自主学习"的思路进行编写，是基于 OBE 理念的课程教学改革成果。本书遵循"以全面素质为基础""以职业能力为本位"的原则，主要用于培养读者的技术技能、职业适应力和职业素养，具备结构化、模块化、灵活性的特点，能够指导和促进学生开展有目标的学习，符合职业教育教学和自主学习特征的要求。

本书可作为高等职业教育及职教本科计算机或软件专业的课程教材，也可以作为软件测试培训机构或企业软件测试人员的培训教程，同时可供从事软件项目管理、软件测试和软件质量保证的相关人员参考。

本书封面贴有清华大学出版社防伪标签，无标签者不得销售。
版权所有，侵权必究。举报：010-62782989，beiqinquan@tup.tsinghua.edu.cn。

图书在版编目(CIP)数据

软件项目测试：微课版 / 郭文欣，翁代云，韩永征主编. -- 北京：清华大学出版社，2025.4. (高等职业院校互联网+新形态创新系列教材). -- ISBN 978-7-302-68553-1

Ⅰ.TP311.55

中国国家版本馆 CIP 数据核字第 202501A9X4 号

责任编辑：孟 攀
封面设计：杨玉兰
责任校对：徐彩虹
责任印制：宋 林

出版发行：清华大学出版社
    网　　址：https://www.tup.com.cn, https://www.wqxuetang.com
    地　　址：北京清华大学学研大厦 A 座　　邮　编：100084
    社 总 机：010-83470000　　　　　　　　邮　购：010-62786544
    投稿与读者服务：010-62776969, c-service@tup.tsinghua.edu.cn
    质量反馈：010-62772015, zhiliang@tup.tsinghua.edu.cn
    课件下载：https://www.tup.com.cn, 010-62791865
印 装 者：三河市龙大印装有限公司
经　　销：全国新华书店
开　　本：185mm×260mm　　印　张：16.25　　字　数：392 千字
版　　次：2025 年 5 月第 1 版　　印　次：2025 年 5 月第 1 次印刷
定　　价：49.00 元

产品编号：102704-01

前　　言

随着中国数字化进程的推进和软件市场的不断成熟，国内人工智能(AI)、物联网、大数据、云计算等产业得到了迅速发展，软件作为信息技术的关键载体和产业融合的关键纽带是很重要的基础支撑。但是，中国软件产业在产品功能和性能测试等领域还存在着不足，未来，全球相应的软件测试市场中会有更多企业开始认识到软件测试在质量保障方面的重要性，质量的提升有利于缩减开发成本，提升效益。

本教材获得 2024 年重庆市教育科学规划项目教学改革研究专项《教育数字化转型下基于 ARCS+SPOC 混合式教学模式研究》(K24ZG3130279)的支持，是其主要研究成果。

重庆城市管理职业学院大数据与信息产业学院积极探索具有中国特色的软件人才产教融合培养路径，致力于培养满足区域市场产业发展需求的特色化软件人才，赋能推动关键软件技术突破、软件产业生态构建和国民软件素养的提升。各大、中、小微型 IT 企业的软件测试工程师、软件研发工程师、软件实施工程师等关键岗位都必须要树立软件产品质量保障意识。目前，学院联合中国电子系统技术有限公司展开校企合作，发挥产教融合优势，校企"双元"合作开发教材，在人才培养中注重扎实的理论和实践技能、分析与解决问题的能力，能主动适应快速变更的新技术、新环境、新发展，并培养学生自主学习能力。在此，特别感谢大数据与信息产业学院翁代云院长在教学改革上的主张及对本书给予的指导，感谢中国系统(指中国电子系统技术有限公司)任冬梅、张久军技术工程师给予行业、企业方面的指导，并帮助提供企业真实的典型项目"大理农文旅电商系统"作为支撑案例，在此表示衷心的感谢！

本书以技术技能型人才和知识建构规律为根本，以培养学生综合职业能力为目标组织内容。内容涵盖软件工程、软件项目管理、软件测试理论、软件测试技术、软件测试工程实践、软件质量保障的核心知识点，同时契合软件测试岗位的典型工作任务，融入课程思政和具体项目实践操作过程。本书以中国系统提供的"大理农文旅电商系统"和国产禅道项目管理工具贯穿软件测试的工作过程，严格按照企业软件测试工作知识、技能和流程展开撰写，同时强调一轮完整的测试还应该包括兼容性、易用性测试，性能测试，自动化测试，以及质量管理。本书以模块化形式组织教学内容，本书第 1、2、3、7、9 模块由郭文欣负责编写，第 4、5、10、12 模块由韩永征负责编写，第 6、11 模块由吴科宏负责编写，第 8 模块由朱广福负责编写。全书由郭文欣负责组织与统稿，由翁代云、任冬梅负责全书审稿。衷心感谢老师们对本书的付出！

为了方便读者更容易理解所学理论知识、掌握软件项目测试过程和技术，本书配有电子教学课件及视频等资源，读者可登录清华大学出版社官网(http://www.tup.com.cn/)下载使用。由于时间仓促和水平有限，书中难免存在不足之处，欢迎广大读者朋友批评指正，给予合理的建议。

编　者

目 录

模块 1 软件工程项目 1
1.1 软件工程 2
1.2 软件项目管理及项目生命周期 3
1.2.1 软件、软件项目及软件项目管理 3
1.2.2 项目生命周期 4
1.3 软件项目中的人员角色 6
1.4 软件过程 7
1.4.1 软件生命周期 7
1.4.2 软件过程模型 8
知识自测 12
实践课堂 12

模块 2 软件测试基础 15
2.1 软件测试的产生与发展 16
2.2 软件测试概述 18
2.2.1 软件测试的定义 18
2.2.2 软件测试的目的及原则 19
2.3 软件测试分类 21
2.3.1 静态测试与动态测试 21
2.3.2 按测试技术分类 21
2.3.3 按测试过程分类 22
2.3.4 按测试组织分类 30
2.4 基本的测试类型 32
2.4.1 功能测试 32
2.4.2 易用性测试 32
2.4.3 兼容性测试 32
2.4.4 性能测试 32
2.4.5 自动化测试 32
2.4.6 回归测试 32
2.4.7 冒烟测试 33
2.4.8 可移植性测试 33
2.4.9 可恢复性测试 33
2.4.10 安全性测试 33
2.4.11 本地化测试 33
2.4.12 探索性测试 34

2.5　软件测试的流程 34
　　知识自测 35
　　实践课堂 35

模块 3　软件测试技术 37

　　3.1　白盒测试技术 38
　　　　3.1.1　白盒测试的基本概念 38
　　　　3.1.2　逻辑覆盖法 39
　　　　3.1.3　基本路径法 44
　　3.2　黑盒测试技术 47
　　　　3.2.1　黑盒测试技术的基本概念 47
　　　　3.2.2　等价类划分法 48
　　　　3.2.3　边界值分析法 50
　　　　3.2.4　判定表法 52
　　　　3.2.5　因果图法 55
　　　　3.2.6　基于业务流的场景图法 59
　　　　3.2.7　错误推测法 63
　　知识自测 64
　　实践课堂 64

模块 4　提取测试需求 71

　　4.1　软件项目的需求调研 72
　　　　4.1.1　需求调研的定义 72
　　　　4.1.2　需求调研的方法 72
　　4.2　软件需求 73
　　　　4.2.1　软件需求的定义 73
　　　　4.2.2　软件需求的分类 74
　　　　4.2.3　软件需求的优先级 75
　　　　4.2.4　软件需求评审 75
　　4.3　提取测试需求 76
　　　　4.3.1　测试需求 76
　　　　4.3.2　测试需求的提取方法 76
　　　　4.3.3　测试项 76
　　　　4.3.4　测试子项 80
　　4.4　禅道项目管理工具 84
　　　　4.4.1　禅道部署与使用 84
　　　　4.4.2　在禅道中创建测试需求 86
　　知识自测 89
　　实践课堂 89

模块 5　制定测试计划 93

5.1　软件测试计划 94
5.2　测试计划的目的 95
5.2.1　明确测试目标和范围 95
5.2.2　规划测试策略 95
5.2.3　分配测试资源和人员 95
5.2.4　确定测试计划和进度 95
5.2.5　保证测试质量 96
5.3　测试计划的内容 96
5.3.1　测试项目的背景 96
5.3.2　测试目标和范围 96
5.3.3　测试策略 97
5.3.4　测试活动 98
5.3.5　测试资源 99
5.3.6　测试进度 101
5.3.7　风险及对策 101
知识自测 104
实践课堂 105

模块 6　设计测试用例 107

6.1　测试用例概述 108
6.2　测试用例的内容 110
6.3　用例设计方法的选择 112
6.4　测试用例的评审 119
知识自测 121
实践课堂 121

模块 7　跟踪记录缺陷 125

7.1　软件缺陷 126
7.1.1　缺陷的定义与产生 126
7.1.2　缺陷的类型 127
7.1.3　缺陷的严重程度及优先级 128
7.2　缺陷的生命周期 129
7.2.1　缺陷的生命周期阶段 129
7.2.2　缺陷的流转状态 130
7.2.3　缺陷的解决方案 130
7.3　记录软件缺陷 131
7.3.1　如何编写好的缺陷记录 131
7.3.2　软件缺陷的内容要素 131

7.3.3　软件缺陷记录模板及工具 132
　7.4　软件缺陷的统计分析 135
　知识自测 137
　实践课堂 138

模块 8　兼容性和易用性测试 141

　8.1　兼容性测试 142
　　　8.1.1　兼容性测试的定义 142
　　　8.1.2　兼容性测试的目的 142
　　　8.1.3　兼容性测试的内容 142
　8.2　如何进行兼容性测试 144
　8.3　易用性测试 146
　　　8.3.1　易用性测试的定义 146
　　　8.3.2　易用性测试的目的 147
　　　8.3.3　易用性测试的内容 147
　8.4　如何进行易用性测试 151
　知识自测 153
　实践课堂 154

模块 9　性能测试 157

　9.1　性能测试 158
　　　9.1.1　性能测试概念 158
　　　9.1.2　性能测试的目标及作用 159
　9.2　性能测试的类型 159
　　　9.2.1　负载测试 159
　　　9.2.2　压力测试 159
　　　9.2.3　容量测试 160
　　　9.2.4　配置测试 160
　　　9.2.5　疲劳强度测试 160
　　　9.2.6　基准测试 160
　9.3　性能测试的指标 160
　　　9.3.1　并发用户数 160
　　　9.3.2　响应时间 161
　　　9.3.3　吞吐量 161
　　　9.3.4　每秒事务数 161
　　　9.3.5　每秒点击量 162
　　　9.3.6　服务器资源占用 162
　　　9.3.7　业务成功率 162
　9.4　性能测试的流程 162
　9.5　性能测试工具 164

    9.5.1 LoadRunner 164

    9.5.2 JMeter 181

  知识自测 190

  实践课堂 190

模块 10 总结测试报告 195

  10.1 测试报告 196

    10.1.1 测试报告概述 196

    10.1.2 测试报告的作用 197

    10.1.3 测试报告的编写原则 198

  10.2 测试报告的内容 199

    10.2.1 概述 199

    10.2.2 测试环境 199

    10.2.3 参考资料 199

    10.2.4 人员和进度安排 200

    10.2.5 缺陷的统计和分析 200

    10.2.6 测试情况介绍 201

    10.2.7 测试结论 201

  10.3 软件质量评价总结 202

  知识自测 202

  实践课堂 203

模块 11 自动化测试 205

  11.1 自动化测试概述 206

    11.1.1 自动化测试的定义 207

    11.1.2 自动化测试的特点与适用范围 208

    11.1.3 自动化测试的流程 210

  11.2 自动化测试工具 211

  11.3 Selenium 的安装和基础使用 213

    11.3.1 Selenium 的安装 213

    11.3.2 Selenium 的基础使用 221

  知识自测 227

  实践课堂 227

模块 12 质量管理 231

  12.1 软件质量保障与控制 232

    12.1.1 软件质量 232

    12.1.2 软件能力成熟度模型 233

    12.1.3 质量保障和质量控制 233

    12.1.4 软件质量保障活动 234

   12.1.5 软件测试与质量保障 235
 12.2 软件质量管理体系 235
   12.2.1 软件测试标准 235
   12.2.2 全面质量管理 237
   12.2.3 PDCA 循环 237
   12.2.4 软件质量模型 238
 知识自测 241
 实践课堂 241

参考文献 247

模块 1

软件工程项目

教学目标

知识目标

◎ 掌握软件工程及其三要素。
◎ 理解软件项目管理的特征及项目生命周期。
◎ 了解软件项目中的人员角色。
◎ 掌握软件生命周期及软件开发过程模型。

能力目标

◎ 能够运用软件工程和软件项目管理的思想开展工作。

素养目标

◎ 培养学生对软件企业相关岗位的认识,提升对软件技术的学习兴趣。
◎ 培养学生的系统思维、规范意识和职业素养。

本书课程概述
(微课)

知识导图

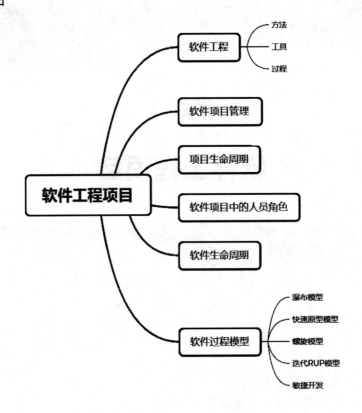

知识准备

1.1 软 件 工 程

软件工程是指将系统化的、严格约束的、可量化的方法应用于软件的开发、运行和维护，即将工程化应用于软件。软件工程借鉴传统工程的原则和方法来提高质量、降低成本和改进算法，并使用工程、科学和数学的原则与方法研发、维护计算机软件的有关技术及管理。

下面介绍软件工程的三个要素：方法、工具和过程。

(1) 方法：为软件开发提供"如何做"的技术，包括项目计划与估算、软件系统需求分析、数据结构、系统总体结构设计、算法过程设计、编码、测试、维护等，主要分为传统方法和面向对象的方法两类。

(2) 工具：为软件工程方法提供自动或半自动的软件支撑环境。各种软件工具集成起来称为计算机辅助软件工程的软件开发支撑系统。

(3) 过程：将软件工程的方法工具综合起来达到进行计算机软件开发的目的，过程定义了方法使用的顺序、要求交付的文档资料、为保证质量和协调变化所需要的管理和软件开发各个阶段所要完成的任务。

软件工程的基本目标是付出较低的开发成本，开发出达到要求的软件功能，取得较好的软件性能，开发的软件易于移植，需要较低的维护费用，能按时完成开发工作，及时交付使用，在给定的成本、进度前提下，开发出具有可修改性、有效性、可移植性、可理解性、可维护性、可重用性、可适应性、可追踪性和可互操作性并满足用户需求的软件产品。

软件工程追求在成本、质量和工期三者之间取得平衡，如图 1.1 所示。

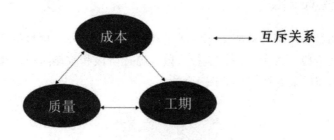

图 1.1 成本、质量和工期

软件工程研究人员围绕工程设计、工程支撑和工程管理提出了以下 4 条基本原则。
(1) 选取适宜的开发模型。
(2) 采用合适的设计方法。
(3) 提供高质量的工程支撑。
(4) 重视软件开发过程的管理。

1.2 软件项目管理及项目生命周期

1.2.1 软件、软件项目及软件项目管理

软件是包括程序、数据和相关文档的集合。其中程序是按事先设计的功能和性能要求执行的指令序列；数据是使程序能正常操纵信息的数据结构；文档是与程序开发、测试、维护和使用有关的图文记录材料。这就决定了软件项目是一种特殊的项目，它创造的一个产品或服务是逻辑抽象的，只有逻辑的规模和运行的效果，而不是具体的可触摸的物体。

大多数软件项目的目标不是很明确，任务边界模糊，但技术性很强，属于脑力劳动成果，因此，软件项目具有目标渐进性和智力密集型的特点。

软件项目管理的对象是软件工程项目。它涉及整个软件工程过程。为使软件项目开发获得成功，关键是必须对软件项目的工作范围、可能风险、需要资源(人、硬件/软件)、要实现的任务、经历的里程碑、花费工作量(成本)、进度安排等做到心中有数。这种管理在技术工作开始之前就应开始，在软件从概念到实现的过程中继续进行，当软件工程过程最后结束时才终止。

软件项目管理是为了使软件项目能够按照预定的成本、进度、质量顺利完成，而对人员、产品、过程和项目进行分析和管理的活动。软件项目管理的根本目的是让软件项目尤其是大型软件项目的整个软件生命周期(从问题定义、可行性分析、需求分析、设计、编码、测试到运行维护全过程)都能在管理者的控制之下，以预定成本按期、按质地完成软件并交付用户使用。

软件项目管理与其他的项目管理相比有其特殊性。首先，软件是纯知识产品，其开发进度和质量很难估计和度量，生产效率也难以预测和保证。其次，软件系统的复杂性也导致了开发过程中各种风险的难以预见和控制。

1.2.2 项目生命周期

项目生命周期是一个项目从概念到完成所经过的所有阶段。项目生命周期基本的五个阶段包括项目启动阶段、规划阶段、执行阶段、监控阶段和收尾阶段。每个项目阶段都以完成一个或多个工作成果为标志。如图 1.2 所示。

图 1.2 项目管理的五个阶段

1. 启动阶段

启动阶段宣告软件项目开始，正式认可一个新项目的存在。其主要任务是确定并核准项目或项目阶段，明确项目范围和目标，同时确定各成员在项目各阶段中的参与情况，使项目目标符合期望。启动阶段的主要成果是形成一个项目章程并选择一位项目经理。

2. 规划阶段

规划阶段的主要任务是确定和细化项目目标，规划实现项目目标的策略、行动方针和路线，确保后期项目目标的顺利实现。规划阶段的主要成果是形成工作任务分解、项目预算、项目管理计划等。

3. 执行阶段

执行阶段的主要任务是协调整合人力、物力、财力及其他资源，有效地实施规划阶段确定的项目目标并实施项目计划。执行阶段的主要成果是交付实际的项目工作。

4. 监控阶段

监控阶段的主要任务是将项目实际进程与计划进程相比较，实时监控项目进展情况，发现与计划有偏离之处，及时采取纠正措施并变更控制，使项目恢复正轨或者更正项目计划的不合理之处。监控阶段的主要成果是在要求的进度、成本、质量限制范围内实现项目目标。

5. 收尾阶段

收尾阶段的主要任务是做出项目终止决策，采取正式的方式对项目成果、产品、可交付物、项目阶段进行交接、清算和验收。收尾阶段的主要成果是项目正式验收、项目审计报告、项目总结报告及项目组成员的妥善安置。

项目生命周期中各阶段之间的交互影响(从项目开始到完成)，如图 1.3 所示。

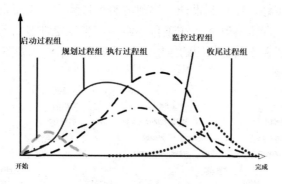

图 1.3　项目管理阶段之间的交互影响

随着项目开始到完成，项目生命周期中各阶段成本与人力投入的情况如图 1.4 所示。

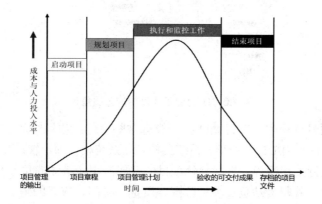

图 1.4　项目生命周期中成本与人力投入水平

项目生命周期中相关干系人、项目风险与不确定性的影响应该是随着项目时间进度的推进逐渐下降的，变更的成本在项目启动阶段较低，随着项目时间进度的推进，变更造成的影响将会逐渐升高，如图 1.5 所示。

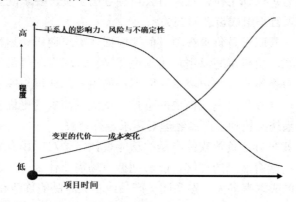

图 1.5　项目生命周期中项目干系人、风险、成本与变更的关系

1.3 软件项目中的人员角色

一个软件项目从规划、论证到设计、实现的整个过程中，需要众多不同技能的人员参与，为了便于任务分工和人尽其才，在项目小组中应当设定许多角色，小组成员都拥有相应的角色，每种角色都必须具备相应的技能、从事对应的工作，如图 1.6 所示。

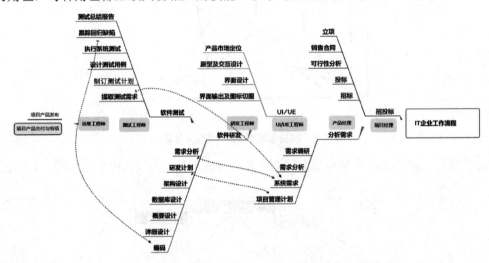

图 1.6 IT 企业工作流中的人员角色

在整个软件项目过程中，项目团队内一般有这些角色：项目经理、市场客户经理、需求分析师、产品经理、UI/UE 设计师、系统架构师、系统设计师、软件开发工程师、软件测试工程师、实施支持工程师等。按照软件项目的开展流程，具体的角色职责如下。

(1) 项目经理。其职责是负责项目范围、质量、时间、成本的确认，项目过程/活动的标准化、规范化。根据项目范围、质量、时间与成本的综合因素的考虑，进行项目的总体规划与阶段计划。各项计划须得到上级领导、客户方及项目组成员认可。负责项目所需各项资源、人员安排和项目角色分工，处理项目组中出现的问题，控制变更，保证按期完成任务，对项目的各个阶段进行验收，对项目参与人员的工作进行考核，管理项目开发过程中的各种文档，安排客户培训工作，直接对公司领导层负责。要求既能处理好与客户之间的关系，又能协调好项目小组成员之间的关系。

(2) 需求分析师。其职责是负责在项目前期根据《需求调研计划》对客户进行需求调研。收集整理客户需求，负责编写《用户需求说明书》。代表项目组与用户沟通与项目需求有关的所有事项，负责得到《用户需求说明书》的用户的认可与签字。负责将完成的项目模块给客户做演示，并收集对完成模块的意见。完成《需求变更说明书》，并得到用户的认可与签字。协助系统架构师、产品经理对需求进行理解。

(3) 产品经理。其职责是负责软件产品的功能设计，须对市场有敏锐的洞察力和感悟力，同时对软件技术内涵有深刻的理解，能够把握市场需要什么，知道什么样的需求可以通过软件实现，实现的成本有多大，熟悉同类产品或相关产品的优势和不足。

(4) UI/UE 设计师。其职责是负责完成产品经理安排的功能界面设计。负责对项目整体色彩的调配。向软件开发工程师提出项目美化的建议和界面指导。为 B/S 项目提供一套或几套 CSS 样式表及 HTML 结构表。为 C/S 项目提供符合项目内容的静态、动态图片。

(5) 系统架构师。其职责是负责新产品的开发与集成，是软件项目的总体设计师和新技术体系的构建者。在需求阶段，系统架构师负责理解和管理非功能性系统需求，比如软件的可维护性、性能、复用性、可靠性、有效性和可测试性等，审查客户和市场人员所提出的需求，确认开发团队所提出的设计。在设计阶段，系统架构师负责对整个软件架构、关键构件、接口的设计，协助系统设计师完成《系统概要设计说明书》。在编码阶段，系统架构师则成为开发工程师的顾问，并举行一些技术研讨会、技术培训班等。在测试及实施阶段，集成和测试支持将成为系统架构师的工作重点。

(6) 系统设计师。其职责是负责软件产品的系统设计，包括需求分析、概要设计和详细设计(最好详细到对象的每个函数接口)；非常熟悉软件工程理论，熟悉常规的软件设计思想(例如结构化设计思想、面向对象设计思想)和常用技术，包括语言、服务和组件技术；能熟练使用一种 CASE 工具进行设计并能用规范化的文档清晰地描述出来，同时能准确地理解软件产品的功能，能面向特定语言完成系统的详细设计。

(7) 软件开发工程师。其职责是负责软件模块的编码实现；非常熟悉相关的语言细节，熟悉软件基础理论和常用算法，熟悉常规的软件编码标准。

(8) 软件测试工程师。其职责是负责软件测试，尽量发现软件设计和编码中的缺陷；熟悉常用的软件测试方法，能设计测试用例，能够细心地做软件测试工作。

(9) 实施支持工程师。其职责是负责制订项目实施计划；帮助用户顺利实施软件系统，能够编写软件使用手册、对用户进行培训；熟悉相关的软件运行环境。

(10) 市场客户经理。其职责是负责策划并独立完成目标客户的拜访和沟通；定期分析、整理客户需求，制订有针对性的方案；进行重点客户的关系维护，为开发更符合用户需求的产品提供富有价值的市场信息；参与产品定位的研讨，为产品策划献计献策。

根据项目的规模不同，角色划分和设置也不相同，对于较大规模的项目，可能由多人担任一个角色，对于小规模的项目可能一人就担任多个角色，但是与角色相关的职能划分是必不可少的。角色划分是为了进行任务的分解和合理分工，是为了安排合适的人做合适的事，以及使相应角色的人员必须做好其对应的事情。

1.4 软件过程

1.4.1 软件生命周期

软件生命周期指每个软件产品从形成概念开始，经过开发、运行(使用)维护直到退役所经历的全过程。软件定义、开发、运行(使用)维护这三个时期有若干个阶段，每个阶段有明确任务，这样能够使得规模庞大、结构复杂和管理复杂的软件开发变得容易控制和管理。

软件生命周期阶段包括以下几个。

(1) 问题定义。该阶段确定"软件系统要解决什么问题"，通过对客户的调研，系统分析员要写出关于问题的性质、软件工程规模和目标，讨论后形成报告并得到客户的确认。

(2) 可行性研究和项目开发计划。该阶段解决的是"上一阶段定义的问题是否可行？

是否值得继续进行这项工程？有什么可行的解决方案？"该阶段主要研究问题的范围，确定开发目标，以及人力、物力投入和可行性。

（3）需求分析。该阶段确定用户要求软件系统必须做什么，必须具备哪些功能、性能的需求，在确定软件开发可行的情况下，对软件需要实现的各功能进行详细分析，这一阶段非常关键，是项目成功的基础。

（4）总体设计。该阶段的任务是在需求的基础上，定义系统的软件解决方案，包括概要设计和详细设计。概要设计确定软件的体系结构、系统的数据结构和数据库结构、管道结构和面向对象的结构。详细设计主要给出每个模块的详细描述，把功能描述转化为过程描述。

（5）编码实现。该阶段的任务是选择可用构件，以选定的开发语言，对每个构件进行编码。此过程必须制订统一、符合标准的编写规范来保证程序的可读性、易维护性，提高程序的运行效率。

（6）测试确认。该阶段贯穿软件开发的整个过程，主要任务是软件测试。进行严密的测试能够发现软件在设计和编码中存在的问题并进行纠正。整个测试过程分为：单元测试、集成测试、系统测试等。

（7）支持维护。该阶段包括完善性维护及纠错性维护。已交付的软件投入使用后要延续使用寿命便进入这个阶段，它是最长的阶段，可能持续几年到几十年。

1.4.2　软件过程模型

在开发一个软件项目时，需要根据项目的特点选择软件开发过程模型。软件开发模型是人们在大量开发实践中抽象出来的通用的过程经验，主要有瀑布模型、快速原型模型、螺旋模型、迭代RUP模型、敏捷开发等。

1. 瀑布模型

瀑布模型(waterfall model)是1970年由Winston Royce提出的一个经典软件过程模型，一般将软件开发分为可行性分析(计划)、需求分析、软件设计(概要设计、详细设计)、编码(含单元测试)、测试、运行维护等几个阶段。瀑布模型中每项开发活动具有以下特点。

◎ 从上一项开发活动接受其成果作为本次活动的输入。
◎ 利用这一输入，实施本次活动应完成的工作内容。
◎ 给出本次活动的工作成果，作为输出传给下一项开发活动。

对本次活动的实施工作成果进行评审。若其工作成果得到确认，则继续进行下一项开发活动。以相对来说较小的费用来开发软件，但瀑布模型在需求或设计阶段出现的问题，在最后阶段才会被发现，此时再想进行修复，代价是非常大的。如图1.7所示。

2. 快速原型模型

快速原型模型(rapid prototype model)是为弥补瀑布模型的不足而产生的一种模型，如图1.8所示。快速原型模型的第一步是建造一个快速的系统原型，例如：使用原型制作工具Axure RP，它可以通过Web的网站流程图、原型页面、交互体验设计及详细需求标注来模拟软件原型，实现客户或未来用户与软件的交互，经过与用户针对原型的讨论和交流，弄清需求以便真正把握用户需要的软件产品是什么样，进而在原型基础上开发出用户满意的产品。它支持渐进明晰的理念，需要经历从模型创建、用户体验、反馈收集到原型修改的反复循环过程。在实际中原型化经常在需求分析定义和软件系统设计的过程中进行，减少了瀑布模型中因软件需求不明确给开发工作带来的风险。

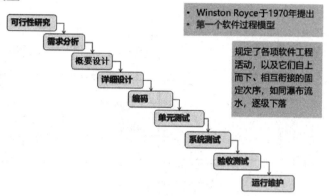

图 1.7 瀑布模型

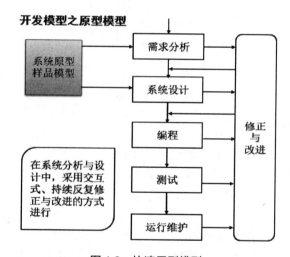

图 1.8 快速原型模型

对于复杂的大型软件，开发一个原型往往达不到要求，为减少开发风险，在瀑布模型和快速原型模型的基础上继续演进，出现了螺旋模型以及大量使用的迭代 RUP 模型。

3. 螺旋模型

螺旋模型(spiral model)采用一种周期性的方法来进行系统开发，是一个演化软件过程模型，将原型实现的迭代特征与线性顺序(瀑布)模型中控制的和系统化的方面结合起来，使软件的增量版本的快速开发成为可能。在螺旋模型中，软件开发是一系列的增量发布，会开发出众多的中间版本。在早期的迭代中，发布的增量可能是一个纸上的模型或原型，在以后的迭代中，被开发系统的更加完善的版本逐步产生，如图 1.9 所示。

螺旋模型强调风险分析，螺旋线代表着随着时间推进的工作进展，开发过程具有周期性重复的螺旋线形状。四个象限分别标志每个周期所划分的四个阶段：制订计划、风险分析、实施工程和客户评估,由这四个阶段进行迭代。螺旋模型使开发人员和用户对每个演化层出现的风险有所了解,继而做出应有的反应,因此特别适用于庞大、复杂并具有高风险的系统。风险是软件开发不可忽视且潜在的不利因素,它可能在不同程度上损害软件开发过程,影响软件产品的质量。减小软件风险的目标是在造成危害之前,及时对风险进行识别及分析,采取对策减少或消除风险的损害。

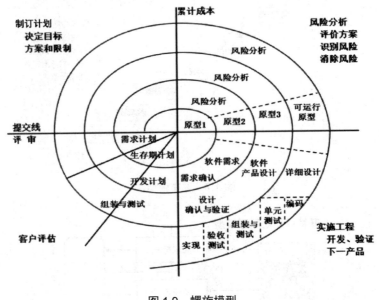

图 1.9 螺旋模型

4. 迭代 RUP 模型

迭代 RUP(rational unified process)模型是 Rational 公司提出的一套统一软件开发过程模型,它是一个面向对象软件工程的通用业务流程。软件开发的六大最佳实践是:迭代式开发、管理需求、基于组件的体系结构、可视化建模、验证软件质量和控制软件变更,而 RUP 模型将这六大最佳实践活动以一种适当的形式结合起来。RUP 模型的目标是确保在可预计的时间安排和预算内开发出满足最终用户需求的高品质的软件。

迭代 RUP 模型具有两个轴,横轴按照时间组织,纵轴按照工作内容组织。

横轴按时间组织划分了四个阶段:初始构思阶段、细化阶段、构造阶段和移交阶段。

(1) 初始构思阶段:用户沟通和计划活动,强调定义和细化用例,并将其作为主要模型。

(2) 细化阶段:用户沟通和建模活动,重点是创建分析和设计模型,强调类的定义、数据库关系模型和体系结构的表示。

(3) 构造阶段:将设计转化为实现编码,进行集成和测试。

(4) 移交阶段:将产品发布给用户进行测试评价,并收集用户的意见,之后再次进行迭代修改,使产品完善。

纵轴按工作内容组织,RUP 设计了六个核心工作流和三个支撑工作流,核心工作流包括:业务建模工作流、需求工作流、分析设计工作流、实现工作流、测试工作流和部署工作流。支撑工作流包括:配置与变更管理工作流、项目管理工作流和环境工作流。支撑工作流监控软件的持续使用,提供运行环境(基础设施)的支持,提交并评估缺陷报告、变更请求配置管理。如图 1.10 所示为迭代 RUP 模型。

迭代 RUP 模型汇集了现代软件开发中多方面的最佳经验,并为适应各种项目及组织的需要提供了灵活的形式。作为一个商业模型,它具有非常详细的过程指导和模板。但是同样由于该模型比较复杂,因此在模型的掌握上对项目管理者提出了比较高的要求。

5. 敏捷开发

敏捷开发(agile development)的总体目标是通过"尽可能地、持续地对有价值的软件进行快速响应交付,使客户满意"。通过在软件开发过程中加入灵活性和敏捷方法使用户能够在开发周期的后期阶段增加或改变需求。敏捷过程强调优秀开发团队成员间的协作、沟通及交互,强调开发团队紧密地与客户沟通合作,强调快速响应需求的变化,强调重软件产品本身而轻详尽烦琐的文档。敏捷的典型方法有很多,比如并列争球法(scrum)、极限编程等,每一种方法基于一套原则,这些原则实现了敏捷方法所宣称的理念(敏捷宣言)。

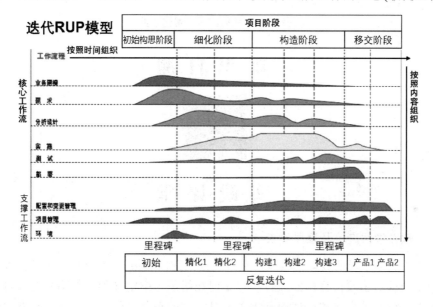

图 1.10 迭代 RUP 模型

并列争球法(Scrum)是使用迭代的敏捷方法,就像橄榄球中的"并列争球"。项目团队把每 30 天一次的迭代发版称为一个"冲刺",并按需求的优先级来实现产品。多个自组织小组和项目各部门并行地递增实现产品。在此过程中,成员之间的沟通协调是通过简短的日常情况会议来进行,比如站立会。

极限编程(Extreme Programming,XP)是敏捷开发的典型方法,它适用于小团队开发,是一种轻量级(敏捷)、高效、低风险、柔性、可预测的、科学的软件开发方法。它由四大价值观来减轻开发的压力和包袱并且要求项目团队遵循十三个最佳实践。

◎ 极限编程的四大价值观:加强沟通、从简单做起、寻求反馈和实事求是。
◎ 极限编程的十三个最佳实践:交付和管理遵循完整的团队、计划游戏、小规模发布、现场客户,小组开发实践遵循编码规范标准、代码集体所有、持续集成、系统隐喻、稳定高速的步伐,编程方式方法遵循简单设计、结对编程、测试驱动开发、重构，如图1.11所示。

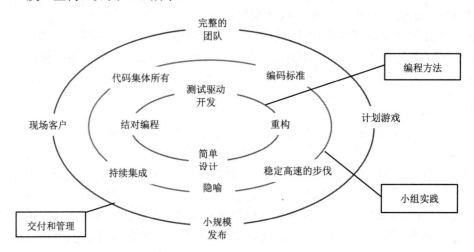

图1.11 极限编程的最佳实践

知 识 自 测

实 践 课 堂

任务：软件项目岗位及素质要求

某公司团队中年轻的成员比较多，吴某所在的部门有很多IT项目，主要涉及了两个问题：①项目经理对于项目目标的理解；②如何在组织当中定义和培养称职的项目团队。在日常实践中，很多同事自然而然地承担了项目经理的角色，但是由于他们没有接受专门的项目管理培训，造成的问题比较多，以下为几种典型情况。

（1）分不清管理项目和参与项目的区别。一般老板问在忙什么，同事都简单地说，我在做项目。老板进一步问用的什么方法和工具，怎么保障结果，同事就无从回答了。

（2）误认为项目经理只是简单地做会议纪要，似乎只承担秘书的角色，而不知项目经理是要领导团队的。真正称职的项目经理要具备一定的项目经验，能够为团队指引方向、找资源、解决问题。

（3）在很多情况下，项目经理在项目起初阶段不能很好地理解软件工程目标，只有一个粗浅的想法就启动项目。结果，随着时间的推移，项目遇到一个又一个的困难。其结果是花了很多的精力却没办法实现节约成本、提升效率等项目目标。

因此，在一个IT项目团队中，不论是团队成员还是团队管理者都需要具备一定的职业能力和职业素养，为项目有效又成功的实施承担相应的责任。

1. 谈谈：你想要从事的 IT 岗位是什么？要做好岗位工作，需要具备哪些意识和素质？

2. 谈谈：如果你被提拔为开发团队的项目经理，你需要具备哪些意识和素质？

学生自评及教师评价

学生自评表

序 号	课堂指标点	佐 证	达 标	未达标
1	软件工程	阐述软件工程及其三要素和软件工程目标		
2	项目生命周期	阐述项目生命周期的每个阶段		
3	软件生命周期	阐述软件生命周期的每个阶段		
4	软件开发过程模型	能够选择合适的软件开发过程模型		
5	软件项目管理	能够结合软件工程、项目管理思想开展工作		
6	职业素养水平	能够认识到不同IT岗位的技能及素质要求		
7	协作精神	能够换位思考,并通过团队协作、共同完成项目目标		

教师评价表

序 号	课堂指标点	佐 证	达 标	未达标
1	软件工程	能否阐述软件工程及其三要素和软件工程目标		
2	项目生命周期	能否阐述项目生命周期的每个阶段		
3	软件生命周期	能否阐述软件生命周期的每个阶段		
4	软件开发过程模型	是否能够选择合适的软件开发过程模型		
5	软件项目管理	是否能够结合软件工程、项目管理思想开展工作		
6	职业素养水平	是否能够认识到不同IT岗位的技能及素质要求		
7	协作精神	是否能够换位思考,并通过团队协作、共同完成项目目标		

模块 2
软件测试基础

教学目标

知识目标

◎ 了解软件测试产生的背景。
◎ 掌握软件测试的定义、目的和原则。
◎ 掌握软件测试的分类。
◎ 掌握软件测试的流程。
◎ 理解测试类型。

能力目标

◎ 明确软件测试目的和流程,能够按流程开展软件测试工作。
◎ 运用软件测试的原则指导测试实践活动。

素养目标

◎ 培养学生对软件测试行业的兴趣。
◎ 培养学生遵循良好的工作流程、职业规范和技术标准。

知识导图

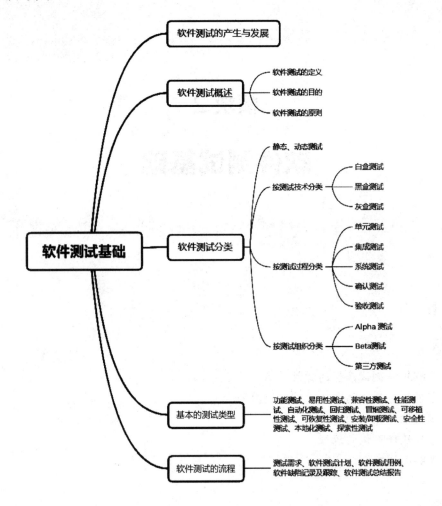

知识准备

2.1 软件测试的产生与发展

1947年9月9日,美国海军的一位女程序设计师葛丽丝·霍波(Grace Hopper)及其团队在操作 Mark II 型计算机时,发现它未能按照自己的预期设想运行。经过几个小时的辛苦排查后,工作人员发现了一只飞蛾死在了面板 F 的第 70 号继电器中,导致发生了故障。当把这个飞蛾取出后,机器便恢复了正常。这只飞蛾就是引起后续行业巨变的那一只"飞蛾",从此 bug 诞生。葛丽丝·霍波把这只飞蛾粘在 Mark II 电脑的日志记录簿上,并用双关语写道:"第一次发现了真正的 bug"("First actual case of bug being found"),图 2.1 所示为葛丽丝·霍波对当时第一个系统错误的记录。通过这样的事件后,为了避免后续其他飞蛾进入计算机内部影响运行,团队在程序正式交付之前,便开始了程序的调试工作,这就是软件测试的前身,这个时期的软件测试是为了证明程序是正确的。

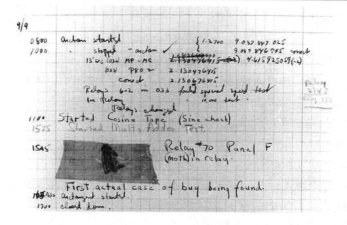

图2.1 第一个bug记录

到了1957年，软件测试开始与调试区别开来，作为一种发现软件缺陷的活动。那个时期的软件开发过程混乱无序、相当随意，测试的含义比较狭窄，测试活动始终在开发活动的后期进行，测试通常被作为软件生命周期中最后的一项活动。当时也缺乏有效的测试技术和方法，主要依靠"错误推测 error guessing"来寻找软件中的缺陷。因此，大量软件交付后，仍然存在很多问题，软件产品的质量无法保证。

20世纪70年代，这时开发的软件规模较小，不复杂，但人们已开始思考软件开发流程的问题，尽管对"软件测试"的真正含义还缺乏共识，但"软件测试"这一词条已经频繁出现，一些软件测试的探索者们建议在软件生命周期的开始阶段就根据需求制订测试计划，着手测试工作。1972年，软件测试领域的先驱比尔·海策尔(Bill Hetzel)博士(代表论著为 *The Complete Guide to Software Testing*《软件测试完整指南》)在北卡罗来纳大学(美国北卡罗来纳州顶尖的公立研究型大学)举行了首届软件测试的正式会议。1979年格伦·福特迈尔斯(Glen Ford Myers)的《软件测试的艺术》(*The Art of Software Testing*)是软件测试领域第一本重要的专著，这本书给出了软件测试的定义"测试是为了发现错误而执行一个程序或者系统的过程"。迈尔斯认为一个成功的测试务必是发现bug的测试，并给出了有关测试的三个重要观点：①测试是为了证明程序有错，而不是证明程序无错误；②一个好的测试用例在于它能发现至今未发现的错误；③一个成功的测试是发现了至今未发现的错误的测试。

20世纪80年代早期，软件和IT行业快速发展，软件趋向大型化、高复杂度，软件的质量越来越重要。软件测试的定义发生了改变，测试不单纯是一个发现错误的过程，而将测试作为软件质量保障(software quality assurance，SQA)的主要内容，包含软件质量评价的内容。此时软件开发人员和测试人员开始坐在一起探讨软件工程和测试问题，软件测试逐步有了行业标准(IEEE/ANSI)，并已经成为一个专业，需要运用专门的方法和手段，需要专门的人才和专家来承担相应的工作。到了20世纪90年代，各地的软件测试机构相继成立，它们主要提供相应的测试服务。

20世纪90年代中期以来，软件的规模变得非常大，在一些大型软件开发过程中，测试活动需要花费大量的时间与成本，而当时测试的手段几乎完全都是手工测试，测试的效率非常低；同时随着软件复杂度的提高，出现了很多通过手工方式无法完成测试的情况，尽管在一些大型软件的开发过程中，人们尝试编写了一些小程序来辅助测试，但是这还是不能满足大多数软件项目的统一需要。因此，很多测试实践者开始尝试开发商业的测试工具来辅助测试人员完成某一类型或者某一领域内的测试工作。测试工具逐步盛行起来。

目前，我国多数软件企业没有专门的测试技术部门，软件测试程序也不太规范，多数企业也不懂测试，对测试的投入资金过少。大多数是在经过简单的测试之后，就认为没有问题了，就交付用户，让用户去"测试"。针对国内消费类软件而言，经常出现一些已经推向市场的产品由于被发现有严重缺陷而导致大量退货的现象，定制的行业软件，常出现一再返工、无限期地修改和维护的现象。

总之，相比国外软件测试行业，国内测试行业的发展还普遍存在以下问题。

(1) 软件规模越来越大，功能越来越复杂，如何进行充分而有效的测试成为难题。

(2) 软件测试从业人员的数量同实际需求有不小的差距，国内软件企业中开发人员与测试人员数量一般为5∶1，国外一般为1∶1。

(3) 软件测试的地位还不高，在很多企业中还是一个可有可无的环节，大多只停留在软件单元测试、集成测试和功能测试上，缺乏软件测试和质量保障意识。

(4) 软件测试标准化和规范化不够，在软件开发基本完成后才进行测试，缺乏统一标准。

(5) 测试的自动化程度不高，自动化测试工具和手工测试人员也缺乏较好的结合。

(6) 国内缺乏完全商业化的操作机构，一般只是政府部门的下属机构在做一些产品的验收测试工作，软件测试产业化还有待开发和深掘。

(7) 面向对象的开发技术越来越普及，但是面向对象的测试技术却刚刚起步。另外，对于分布式系统整体性能还难以进行很好的测试，对于实时系统缺乏有效的测试手段。

2.2 软件测试概述

2.2.1 软件测试的定义

在《软件测试的艺术》一书里，迈尔斯针对软件测试的描述：所谓软件测试，就是一个过程或一系列过程，用来确认计算机代码完成了其应该完成的功能，不执行其不该有的操作。软件应当是可预测且稳定的，不会给用户带来意外惊奇。其合适的基本定义应该是："测试是为发现错误而执行程序的过程"。然而纵观现在的软件测试从业人员的工作内容和工作职责，

软件测试基础
（微课）

已经早早脱离了这个最为基本的定义。现在的软件测试人员一般都需要对需求进行评审、测试，对框架进行讨论和测试，对代码规范进行扫描，对程序接口进行接口测试，对模块进行集成测试，后期还有系统测试、验收测试，除此之外还有各种专项测试，比如自动化测试、性能测试、安全性测试、稳定性测试等。

1983年美国电气与电子工程师协会(IEEE)提出的软件工程术语中的软件测试的定义是："使用人工或自动化的手段来运行或测定某个软件系统的过程，其目的在于检验它是否满足规定的需求或弄清预期结果与实际结果之间的差别"。这个定义明确指出：软件测试的目的是检验软件系统是否满足需求。它不再是一个一次性的开发后期的活动，而是与整个开发流程融合成一体。因此软件测试的扩展定义：在软件投入运行前，对软件需求分

析、设计规格说明和编码的最终复审,是软件质量保障的关键步骤。

目前,软件测试已经脱离了之前单独的为了发现错误而执行程序的初级阶段,已经进化到了全面质量保障阶段。现阶段的软件测试遵循的核心思想是:为了提高质量并进行的一系列改进,是为了达到质量目标进行的一系列活动,它是一个方法论,也是一种项目实践。

2.2.2 软件测试的目的及原则

软件测试的目的是增强软件使用的可靠性,发现软件存在的不足和差异。简单地说,就是替用户提前使用软件产品,发现程序的代码或业务逻辑错误,确保最终交给用户的产品功能符合用户需求,能够吸引用户,提升用户体验,符合用户操作习惯。把尽可能多的问题在产品交给用户之前发现并改正,测试的最终目的就是提高软件产品的质量,给用户交付一个满意的软件产品。软件测试并不仅是为了找出错误,还可以通过分析错误产生的原因和错误的分布特征,帮助项目管理者发现当前所采用的软件过程的缺陷,以便改进。同时,通过分析也能帮助我们设计出有针对性的检测方法,改善测试的有效性。没有发现错误的测试也是有价值的,完整的测试过程能够帮助我们评定软件系统的质量。

软件测试是评估与提高软件质量的活动,我们提出如下一些软件测试原则。

1. 所有的软件测试都应追溯到用户需求

软件产品的最终使用者是用户,软件产品应能够帮助用户减轻一些非信息化工作量,为用户带来便利,其根本就是满足用户的需求。因此,软件测试工作应围绕用户需求展开。

2. 应当把"尽早地和不断地进行软件测试"作为软件测试者的座右铭

由于软件规模的复杂性和抽象性,在软件生命周期各个阶段都可能产生缺陷和错误,不应该把软件测试仅看作软件开发后的一个独立工作阶段,而应把它贯穿到软件开发的各个阶段,尽早地在需求分析和设计阶段就进行测试工作,编写测试文档。在开发过程中尽早发现和预防错误,杜绝某些缺陷和隐患,防止修复费用的增加。问题发现得越早,解决问题的代价就越小;发现缺陷的时间在整个软件过程阶段中越靠后,修复所消耗的资源就越多。缺陷修复成本趋势如图 2.2 所示。

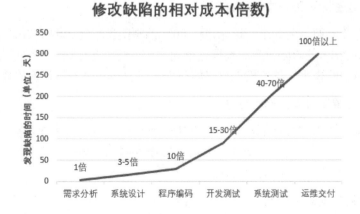

图 2.2 缺陷修复成本趋势

3. 完全测试是不可能的，测试需要适时终止

在测试中，由于输入量可能是无穷尽的，路径组合很多，输出结果也可能很多，想要在有限的时间和资源条件下进行完全穷尽测试是不可能的。以大家所熟悉的计算器程序为例，如图2.3所示，输入0+0, 0+1, 0+2, 0+3, 0+4, …, 0+9, 1+1, 1+2, 1+3, 1+4, …, 9+9, …, 全部整数完成测试后再开始测试小数1.0+1.1+1.2+1.3+…持续下去，另外，我们还需要测试一些错误的输入，比如：1＋#＄%～&﹡()…, 这些组合千千万万无穷无尽。显然要把负无穷到正无穷的整数、小数全部输入程序中进行全覆盖测试是不现实的，测试需要适时终止。

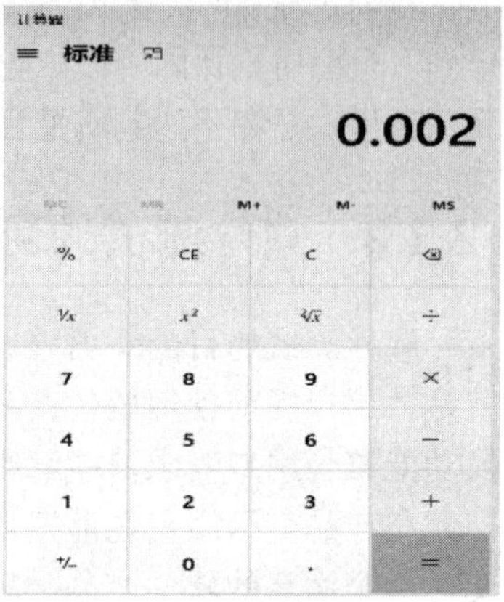

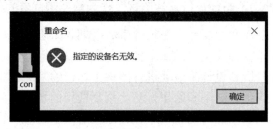

图2.3 计算器程序

4. 测试无法显示软件潜在的缺陷

开展软件测试工作可以查找并报告所发现的软件缺陷和错误，但我们并不能保证软件的所有缺陷和错误全部被找到。比如，我们经常使用的微软Windows 10操作系统在发布前肯定经过了严密的测试，但它也有一些隐藏的缺陷，如图2.4所示，在Windows桌面新建文件夹并重命名为con，按Enter键后，弹出提示：指定的设备名无效。显然一个文件夹是能够被命名为con的，但这里却出现了提示信息。也就是说，测试只能证明软件存在错误而不能证明软件完全没有错误。换句话说，彻底的测试是不可能的，测试无法显示软件的一些潜在缺陷。

图2.4 Windows 10操作系统缺陷

5. 应充分注意测试工作中的集群现象

软件测试行业遵循著名的二八定律，即：80%的缺陷很可能起源于20%的模块中，80%的软件返工是由20%的缺陷导致。根据这个规律，我们要对错误集群的程序段进行重点测试，发现缺陷越多的模块，越要投入更多的精力，以提高测试工作投入的效率。

6. 程序员应避免检查自己的程序

从心理上来说，人们总不愿承认自己有错，而让程序员自己来揭示自己的错误是比较困难的。因此，为达到好的测试效果，由第三方进行测试会更客观有效，应该尽量让单独的测试部门来帮助程序员测试他们的程序。

7. 尽量避免测试的随意性

测试工作是一项有组织、有计划、有步骤的活动，应该制订严格的测试计划，不应忽

视测试用例的重要性，严格遵循测试依据展开工作，做到有理有据，避免随意性。

8．要保存测试过程中的所有文档

在软件开发和测试的过程中，会产生非常多的文档资料，这些文档资料作为企业的组织过程资产，对于后期工作的开展有一定的帮助和指导作用。我们需要重视文档，妥善保存一切测试过程的文档(例如：测试需求、测试计划、测试用例、测试报告等)。

2.3 软件测试分类

2.3.1 静态测试与动态测试

静态测试(static testing)就是不实际运行被测软件，而只是静态地检查程序代码、界面或文档中可能存在的错误的过程。包括代码测试、界面测试和文档测试三个方面。

(1) 对于代码测试，主要测试代码是否符合相应的标准和规范。

(2) 对于界面测试，主要测试软件的实际界面与需求中的说明是否相符。

(3) 对于文档测试，主要测试用户手册和需求说明是否符合用户的实际需求。

动态测试(dynamic testing)，指的是实际运行被测程序，输入相应的测试数据，检查实际输出结果和预期结果是否相符的过程。

2.3.2 按测试技术分类

1．白盒测试

白盒测试也称结构测试或逻辑驱动测试，它是通过测试来检测产品内部的逻辑动作是否能按照软件需求规格说明书或软件设计说明书的规定正常运行，按照程序内部的逻辑结构和路径测试程序，检验程序中的每条通路是否都能按预定要求正确工作，而忽略外部功能表现。白盒测试的主要方法有逻辑覆盖法、基本路径法等，主要运用于单元测试、集成测试，用于对软件代码的验证。白盒测试有可能是动态测试(运行程序并分析代码结构)，也有可能是静态测试(不运行程序，只静态地检查代码)。

2．黑盒测试

黑盒测试也称功能测试或数据驱动测试，它是通过测试来检测已知软件产品的每个功能是否都能正常使用。在进行测试时，把程序看作一个不能打开的黑盒子，在完全不考虑程序内部结构和内部特性的情况下，测试者在程序的接口处进行测试，它只检查程序功能是否按照需求规格说明书中规定的功能正常使用，程序是否能适当地接收输入数据而产生正确的输出结果，并且保持外部信息(如数据库或文件)的完整性。黑盒测试方法主要有等价类划分法、边界值分析法、判定表驱动法、因果图法、错误推测法等，主要运用于软件系统测试、确认测试、验收测试阶段。黑盒测试有可能是动态测试(运行程序，看输入输出)，也有可能是静态测试(不运行程序，只看界面或接口)。

3．灰盒测试

灰盒测试是介于白盒测试与黑盒测试之间的测试，灰盒测试关注输出对于输入的正确性，同时也关注程序的内部表现，但它对内部的关注不像白盒测试那样详细、完整，它只是通过一些表征性的现象、事件、标志来判断内部的运行状态。

2.3.3 按测试过程分类

按软件测试各过程阶段的先后顺序可分为单元测试、集成测试、系统测试、确认(有效性、符合性)测试和验收(用户)测试5个阶段，如图2.5所示。这种按过程阶段进行的分类考虑了开发进度，从团队角度来看，这些过程不一定必须是串行的，比如已经经历过单元测试的程序部分可以进行集成测试，同时程序其他部分也可以由其他团队成员并行地进行单元测试。已经集成好的程序部分也可以优先开展系统测试，对于软件来说，研发过程大多是持续集成的。

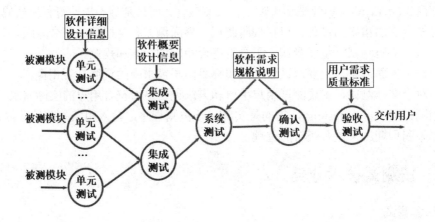

图 2.5 软件测试的过程

1. 单元测试

单元测试(unit testing)，是测试执行的开始阶段，指对软件中的最小可测试单元进行检查和验证。通常在编码完成、代码已通过编译后进行单元测试，在前期应完成单元测试计划的撰写，编制单元测试用例、准备单元测试代码等。总体来说，单元就是人为规定的最小的被测功能模块。单元测试是在软件开发过程中要进行的最低级别的测试活动，其目的在于检查每个程序单元能否正确实现详细设计说明中的模块功能、性能、接口和设计约束等要求，发现各模块内部可能存在的各种错误。单元测试主要采用白盒测试的方法。

单元测试针对每个程序的最小模块，主要针对模块，包括五个方面的测试：模块接口、局部数据结构、边界条件、独立路径、错误处理，如图2.6所示。

(1) 模块接口测试：对通过被测模块的数据流进行测试。对模块接口(包括调用参数表)进行

图 2.6 单元测试的内容

测试，检查所测模块的输入参数与模块形式参数在个数、属性、顺序上是否匹配，验证模块接口在遇到异常情况时的处理能力。

(2) 局部数据结构测试：检查数据类型说明、初始化、默认值等方面是否有问题，检查局部数据结构中是否有拼写错误或不正确的变量名，检查是否存在溢出或地址异常等问题。举例：检查不正确或不一致的数据类型说明，如将 a 的类型设置为 unsigned int 类型，如果将 a<0 设置为结束的条件，那么会进入死循环，因为 a 永远不可能为负数；还有不一致的数据类型，如 int a 和 float b，如果运行代码 a=b，那么会导致精度丢失。

(3) 边界条件测试：要特别注意数据流、控制流中刚好等于、大于或小于确定的比较值时出错的可能性。对这些地方要仔细选择测试用例，认真加以测试，举例："差 1 错"，即循环的次数多了一次或少了一次，例如代码 for(i=0;i≤100;i++)，本来只希望循环 100 次，结果循环了 101 次。

(4) 独立路径测试：选择适当的测试用例，确保软件中每个独立路径都能正确执行，提高软件的整体质量和可靠性。程序关系表达式中不正确的变量和比较符，例如，将等号写成了赋值符，如将 if(a==1) 写成了 if(a=1)，设计测试用例查找由于错误的计算、不正确的比较或不正常的控制流而导致的路径错误。

(5) 错误处理测试：完善的单元设计应预见出错的条件，并设置适当的出错处理，以便在程序出错时，能对出错程序给出合理提示，保证其逻辑上的正确性。例如，用户登录失败提示"Error code 001"，该提示信息不易理解或无法明确出错误原因，有时候还应该注意，在对程序错误识别和处理之前，错误条件是否能提前引起系统的有效干预。

单元测试通常是由程序员自己来完成的，最终受益的也是程序员自己。程序员编写功能代码，也就有责任为自己的代码执行单元测试，就是为了证明这段代码的行为和预期一致。在一般情况下，一个功能模块往往会调用其他功能模块完成某项功能。对某个功能模块进行单元测试时，应屏蔽对外在功能模块的依赖，将焦点放在目标功能模块的测试上。

程序员利用详细设计文档和程序代码作为依据，设计出可以验证程序功能、找出程序错误的测试用例。在单元测试的模块接口测试中，被测模块并不是一个独立的程序，在考虑测试模块时，同时要考虑它和外界的联系，这时候就需要用一些辅助模块去模拟与被测模块相关联的模块。这些辅助模块可分为以下两种。

(1) 驱动模块(driver)：模拟被测试模块的上一级模块，相当于被测模块的主程序。它主要接收测试数据，把这些数据传送给被测模块，启动被测模块，最后输出实测结果。

(2) 桩模块(stub)：模拟被测模块所调用的子模块，是辅助测试而临时构造的模块。桩模块可以做少量的数据操作，不需要把子模块所有功能都带进来。

驱动模块和桩模块增加了额外工作量，虽然在单元测试中必须编写，但并不需要作为最终的产品提供给用户。如果被测模块是被调用的，那么要编写一个驱动模块来调用被测模块，然后测试用例输入驱动模块，调用被测模块，输出测试结果。如果被测模块是需要调用别的模块，那么要编写一些需要被调用的桩模块，然后测试用例输入被测模块，检测被测模块，输出测试结果。单元测试模块构造过程，如图 2.7 所示。

2. 集成测试

集成测试(integration testing)，也称组装测试，是介于单元测试和系统测试之间的过渡阶段，一些模块虽然单独能够正常工作，但并不能保证连接起来也能正常工作，一些问题局部反映不出来，在全局上很可能暴露出来。因此，有必要在完成单元测试的基础上，对已测试过的模块组装，进行集成测试。集成测试主要采用黑盒测试或灰盒测试，集成测试是按照软件概要设计说明书的要求，把所有的软件单元组装成模块、子系统或系统，验证各部分工作是否达到相应技术指标及要求。集成测试可以做功能性测试，对被测模块的接口规格说明进行测试；也可以做非功能性测试，对已组装模块的性能或可靠性进行测试。

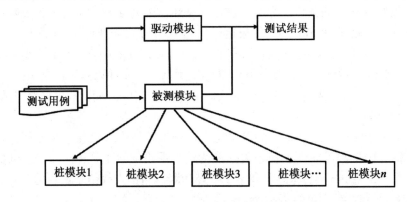

图 2.7　驱动模块和桩模块

在集成测试中，对于传统面向过程软件，可以把集成测试划分为三个层次：模块内集成测试、子系统内集成测试和子系统间集成测试。对于面向对象软件可以划分为两个层次：类内集成测试和类间集成测试。

集成测试需要考虑以下问题：

(1) 在把各个模块连接起来的时候，穿越模块接口的数据是否会丢失；
(2) 一个模块的模块是否会对另一个模块的功能产生不利的影响；
(3) 各个子模块组合起来，能否达到父功能的预期要求；
(4) 组装过程中，全局数据结构是否有问题；
(5) 单个模块的误差累积起来，是否会被放大，从而超出可接受范围；
(6) 单个模块的错误是否会导致数据库错误。

集成测试是根据实际情况对程序模块采用适当的集成测试策略组装形成一个可运行的系统，如何进行集成，直接影响着软件测试的效率、费用和结果。集成测试的模式可分为以下两种。

(1) 非渐增式集成测试模式，又叫一次性集成，是先分别对每个模块完成单元测试，再把所有模块按设计要求放在一起构成所需要的完整程序。

(2) 渐增式集成测试模式，是把下一个要测试的模块同已经测试好的模块结合，再进行测试，测试完后再把下一个应该测试的模块逐步集成进来继续测试，直到所有的模块都被集成完毕。渐增式集成模式又可以根据每次添加模块的路线分为自顶向下集成测试、自底向上集成测试和混合式集成测试(三明治集成测试)三种方式。

渐增式集成模式需要编写的测试代码较多，工作量较大，花费的时间较多，而非渐增式集成模式的工作量较小，可以多个模块并行测试；但渐增式集成模式发现问题的时间比非渐增式集成方式早，更容易判断出问题的所在，因为一旦测试出错误或问题，往往和最后加进来的模块有关，方便定位和更正缺陷。这两种模式各有利弊，在时间和费用条件允许的情况下，采用渐增式集成模式有一定的优势。

开展集成测试之前,需要考虑的因素是采用何种集成模式来连接各模块的顺序,模块代码的编制和测试进度是否与集成测试的顺序一致。具体的集成模式实施过程如下。

1) 非渐增式集成模式

整个软件系统结构如图 2.8(a)所示,该系统共包含 6 个模块。

如图 2.8(b)所示,为模块 B 配备驱动模块 D1,来模拟模块 A 对模块 B 的调用。为模块 B 配备桩模块 S1,来模拟模块 E 被模块 B 调用。此过程表示对模块 B 进行单元测试。

如图 2.8(d)所示,为模块 D 配备驱动模块 D3,来模拟模块 A 对模块 D 的调用,为模块 D 配备桩模块 S2,来模拟模块 F 被模块 D 调用。此过程表示对模块 D 进行单元测试。

如图 2.8(c)、(e)、(f)所示,为模块 C、E、F 分别配备驱动模块 D2、D4、D5。此过程表示对模块 C、E、F 分别进行单元测试。

如图 2.8(g)所示,为主模块 A 配备三个桩模块 S3、S4、S5,对模块 A 进行单元测试。最后,将模块 A、B、C、D、E、F 按软件系统结构一次性地组装起来进行集成测试。

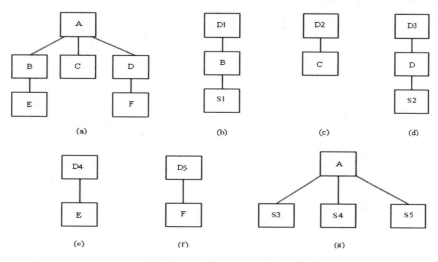

图 2.8 非渐增式(一次性)集成测试方式

2) 渐增式集成模式

(1) 自顶向下集成测试方式(top-down integration)。

自顶向下集成将主模块作为测试驱动,所有与主模块直接相连的模块作为桩模块优先与主模块集成,集成方式可以分为深度优先集成或者广度优先集成,对应纵向或者横向的把一个个的从属桩模块替换成真正的模块。在每个模块被集成时,该模块都必须已经进行了单元测试,集成测试确定集成的新模块是否引入了新的错误。特别注意,这种集成的过程是将模块按系统程序结构进行组装,沿着控制层次自顶向下进行,测试过程只需要构造桩模块,不需要构造测试驱动模块。自顶向下集成方式在测试过程中能够较早地验证主要的控制点和判断点。

如图 2.9 所示的是按照自顶向下深度优先方式进行集成测试的实例。在树状程序结构图中,按照先左后右顺序确定模块的集成路线。

如图 2.9(a)所示,先对顶层的模块 A 配以桩模块 S1、S2 和 S3,对 A 进行单元测试。S1、S2、S3 模拟 A 实际调用的模块 B、C、D。

如图 2.9(b)所示,用实际模块 B 替换桩模块 S1,与模块 A 连接,再给模块 B 配以桩模块 S4，用来模拟模块 B 对模块 E 的调用，然后进行测试。

如图 2.9(c)所示，用模块 E 替换掉桩模块 S4 并与模块 B 相连，然后进行测试。

根据程序结构图，判断模块 E 没有调用其他模块，也就是说以 A 为根结点的树状结构图中的最左侧分支深度遍历结束。转向树状结构图的下一个分支。

如图 2.9(d)所示，用模块 C 替换桩模块 S2，连到模块 A 上，然后进行测试。

根据程序结构图，判断模块 C 没有调用其他模块，转到树状结构图的最后一个分支。

如图 2.9(e)所示，模块 D 替换桩模块 S3，连到模块 A 上，同时给模块 D 配以桩模块 S5，来模拟其对模块 F 的调用。然后进行测试。

如图 2.9(f)所示，去掉桩模块 S5，替换成实际模块 F 连接到模块 D 上，然后进行测试。

最终，依据程序结构图，对该程序进行了完全的集成测试，测试结束。

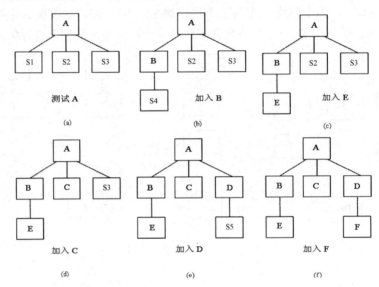

图 2.9　渐增式自顶向下深度优先集成测试方式

如图 2.10 所示的是按照自顶向下广度优先方式进行集成测试的实例。

如图 2.10(a)所示，先对顶层的模块 A 配以桩模块 S1、S2 和 S3，对 A 进行单元测试。S1、S2、S3 模拟 A 实际调用的模块 B、C、D。

如图 2.10(b)所示，用实际模块 B 替换桩模块 S1，与模块 A 连接，再给模块 B 配以桩模块 S4，用来模拟模块 B 对模块 E 的调用，然后进行测试。

如图 2.10(c)所示，用实际模块 C 替换桩模块 S2，与模块 A 连接，然后进行测试。

根据程序结构图，判断模块 C 没有调用其他模块，转向树状结构图的下一个分支。

如图 2.10(d)所示，用模块 D 替换桩模块 S3，连到模块 A 上，同时给模块 D 配以桩模块 S5，来模拟其对模块 F 的调用。

如图 2.10(e)所示，将实际模块 E 替换桩模块 S4 并与模块 B 相连，然后进行测试。

如图 2.10(f)所示，去掉桩模块 S5，替换成实际模块 F 连接到模块 D 上，然后进行测试。

最终，依据程序结构图，对该程序进行了完全的集成测试，测试结束。

软件测试基础 模块 2

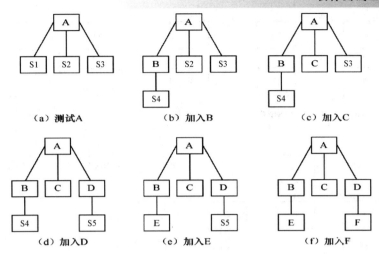

图 2.10 渐增式自顶向下广度优先集成测试方式

(2) 自底向上集成测试方式(bottom-up integration)。

自底向上集成从最底层的模块开始，组装成一个构件，用以完成指定的软件子功能。编制测试驱动程序，协调测试用例的输入与输出，再测试集成之后的构件，接着继续按程序结构向上组装测试后的构件，同时去掉测试驱动程序。从程序模块结构的最底层开始向上组装和测试，对于一个给定层次的模块，它的子模块已经组装并测试完成，所以不再需要桩模块。在模块的测试过程中如果需要从子模块得到数据，则可以直接运行子模块获得。

按照自底向上进行集成测试的实例如图 2.11 所示。

如图 2.11(a)、(b)和(c)所示，首先对树状程序结构图中叶子结点位置的模块 E、C、F 进行单元测试，分别构造驱动模块 D1、D2、D3 用来模拟模块 B、模块 A 和模块 D 对它们的调用。

如图 2.11(d)、(e)所示，去掉驱动模块 D1 和 D3，替换成实际模块 B 和 D，并分别与模块 E 和 F 相连，然后分别构造测试驱动模块 D4 和 D5 继续进行局部的集成测试。

最后，与 A 模块进行组装，对整个系统结构进行集成测试，如图 2.11(f)所示。

(3) 混合式集成测试方式(modified top-down integration)。

自顶向下集成测试方式和自底向上集成测试方式各有优缺点。自顶向下集成测试方式的优点是能够较早地发现在主要控制方面存在的问题，它的缺点是需要构造桩模块，而要使桩模块能够模拟实际子模块的功能是十分困难的，同时涉及一些复杂的算法。真正实现输入/输出的模块处在底层，直到组装和测试的后期才会遇到这些模块，而它们又是最容易出现问题的模块，会导致后期工作量繁重。

自底向上集成测试方式的优点是可以实施多个模块的并行测试，并且不需要桩模块。此外，建立驱动模块一般比建立桩模块容易，同时由于涉及复杂算法和真正输入/输出的模块最先得到组装和测试，可以把最容易出问题的部分在早期解决。它的缺点是"程序一直未能作为一个实体存在，直到最后一个模块加上去后才形成一个实体"。

因此，通常可以选择把这两种方式结合起来进行组装和测试，称为自顶向下-自底向上混合式集成测试方式。

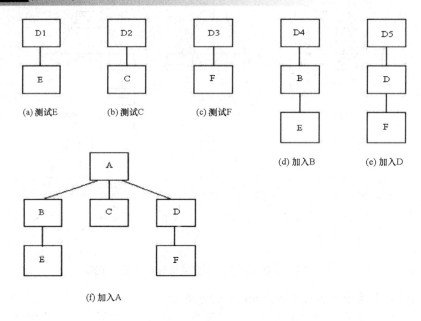

图2.11 自底向上渐增式集成测试方式

3. 系统测试

在完成软件的集成测试之后,需要检验软件能否与实际运行环境(如软硬件平台、中间件、数据、网络和操作人员等)协调工作,还需要进行系统测试。整体而言,系统测试是一个软件企业保障软件产品质量的关键测试过程,涉及企业中产品、软件、硬件、测试、运维等各部门的沟通交流和技术整合。例如智慧校园系统,包含Web端网站操作,还包含平板端、手机端、手表端等设备,教师在Web端录入数据,班级班牌的平板端展示相关班级数据及信息,而家长可以通过网络用手机端App查看孩子的学习信息、给孩子的智慧手表打电话或查定位。显然,对于完整的智慧校园平台系统而言,我们要测试的内容不只局限于计算机软件或浏览器网页,而应该对各个硬件端的软件功能、兼容性及界面进行测试,对各相关硬件的数据传送与展示进行测试,对网络连通性和系统性能等进行测试。

系统测试的开展要深入研究软件项目的需求,评审需求的完善性和正确性,制订并评审测试计划,设计详尽的测试用例并在测试团队内部进行评审,执行系统测试并提交缺陷,有些缺陷需要软件企业各个部门联合进行修复和回归测试,测试完成后需要认真分析缺陷、总结测试过程并提出有效的系统改进建议。系统测试流程中要完成的工作如图2.12所示。可以说,经过严格有效的系统测试之后,软件产品基本满足用户需求和开发要求,能够发版。

系统测试需要为软件项目指定一位测试主管负责贯彻和执行系统测试活动,目标是确保整个测试过程围绕软件项目需求展开,按照计划进行,验证软件产品是否与系统测试用例不相符或与之矛盾,建立完善的系统测试缺陷记录跟踪库,确保软件系统测试活动及结果及时通知相关项目小组。特别注意,整个系统测试过程要遵循项目化管理和档化的标准并定期对系统测试活动及结果进行评估和汇报。

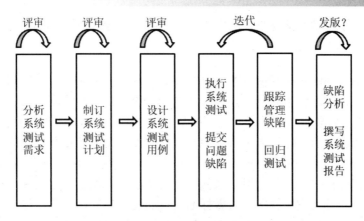

图 2.12　系统测试流程

4. 确认测试

确认测试又称为有效性测试,也称为合格性测试,在完成系统测试之后,项目团队有时需要向用户依次验证软件的功能、性能或其他特性是否符合要求,确认测试通常采用黑盒测试方法,测试依据来源于软件需求规格说明书中已明确规定的对软件的功能和性能的要求。确认测试流程如图 2.13 所示。

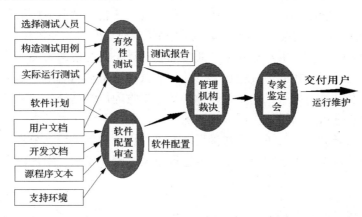

图 2.13　确认测试流程

确认测试工作通常由一个独立的组织进行,也要撰写测试用例,在全部测试用例运行完后,所有的测试结果可以分为两种:一种是测试结果与预期的结果相符,说明软件的这部分功能或性能特征与软件需求规格说明书相符合,从而这部分程序被确认接受;另一种是测试结果与预期的结果不符,说明软件的这部分功能或性能特征与软件需求规格说明书不一致,因此要为它提交一份问题报告,最后通过与用户的协商,解决所发现的缺陷和错误。确认测试要从用户的观点出发,目的是保证系统能够按照用户预定的要求工作。

确认测试完结后应交付的文档有:确认测试分析总结报告、软件环境配置说明书、用户操作手册、项目开发总结报告等。软件配置审查也是确认测试过程的重要环节,其目的是保证软件配置相关的所有成分都齐全,各方面的质量都符合要求,软件产品具备维护阶段所必需的详细资料。除了按照合同规定的内容和要求审查软件配置项之外,在确认测试的过程中应当严格遵守用户操作手册中规定的使用步骤,以便检查这些文档资料的完整性和正确性。必须仔细记录发现的遗漏和错误，并且适当地补充和改正。

5. 验收测试

验收测试(acceptance testing)也称为交付测试，旨在向未来用户表明软件系统能够像预定要求的那样工作。通过单元测试、集成测试、系统测试、确认测试之后，软件各方面功能和性能达到稳定。软件交付给用户之前的最后一步是验收测试工作，验收以用户为主导，软件项目研发团队、质量保证人员共同参与，有时也会邀请专业有资质的第三方评测机构参与测试。

在验收测试过程中，通常采用一系列黑盒测试技术，除了考虑软件需求项中的功能和性能之外，验收测试还应依据国家质量标准文件的要求对软件的质量要素及质量因子，如可靠性、易用性、可移植性、可维护性、可恢复性、用户界面消息提示有效性、容错性、兼容性、效率以及用户文档集等给出评估结论。

验收测试是检验软件产品质量的最后一道工序，目的是确保软件、文档、相关配套环境及资料准备就绪，并且可以让最终用户将其用于执行软件的既定功能和任务。如何组织好验收测试并不是一件容易的事，软件验收测试应完成的工作内容包括：要明确验收项目的需求，规定验收测试通过的标准；制订验收测试计划并进行评审；设计验收测试所用的测试用例；确定专业合理的测试方法；决定验收测试的组织机构、监理机构、评测机构和可利用的资源；审查验收测试的准备工作；执行正式的验收测试并形成结果记录；选定测试结果分析方法；作出验收结论，明确通过验收或不通过验收，给出测试结果。

正式的大型软件项目，用户与开发方通常都会签订正式的技术服务合同或技术开发合同，在项目交付前召开正式的项目验收会，验收测试的结果影响着用户是否能够接纳软件产品，影响着开发方是否能够成功交付软件产品。验收的最终结论有两种可能：一种是功能、性能和软件质量指标满足软件需求说明的要求，用户可以接受；另一种是软件不满足软件需求规格说明书的要求，用户无法接受。如果项目进行到最后这个阶段才发现有严重错误和偏差，一般很难在预定的合同期限内进行改正，因此必须与用户协商，是否重新拟定新的补充合同以寻求一个妥善解决问题的方法。

2.3.4 按测试组织分类

按照测试实施组织的不同可以把测试分为 Alpha 测试、Beta 测试和第三方正式验收测试。

1. Alpha 测试

Alpha 测试可以是软件企业邀请部分用户在开发或测试环境下进行的测试，例如，用户有偿到公司内部模拟实际操作环境进行测试。也可以是企业内部自行组织的除了项目团队的产品、研发或测试人员之外的其他部门人员所进行的测试。Alpha 测试可以在系统测试过程中产品达到一定稳定性和可靠程度后再开始。

在非正式验收测试中，执行测试的过程不像正式验收测试那样组织有序且严格。在 Alpha 测试过程中，当用户发现软件的问题或软件运行不流畅时，可以立刻在现场反馈给产品、测试和开发团队，由项目团队人员及时分析并处理。

2. Beta 测试

只有当软件经过有效的系统测试并发布版本后(标注为 Beta 版或内测版)，才开始 Beta 测试。Beta 测试会由多位最终用户在实际使用环境下实施，测试用户是随机的，开发团队对其管理得很少或不进行管理，参与使用 Beta 版本的测试用户采用的测试细节程度、数据多少和方法好坏完全自行决定，测试用户负责创建自己的环境、执行操作步骤、选择数据并决定要研究的功能、特性或任务，自行设定对系统当前状态的接受标准。通常，Beta 版本或内测版本的软件系统需要提供一个问题反馈功能模块，测试用户可以通过该模块，记录并提交有关的软件错误信息给开发者。Beta 测试是所有验收测试策略中最主观的，它处在整个测试的最后阶段，Beta 测试着重于衡量产品的支持性、维护性，包括文档、客户培训和支持产品生产的能力。

3. 第三方正式验收测试

正式的验收测试是一项管理严格的过程，它通常是系统测试的延续，是软件产品交付给用户前的最后一个测试步骤。验收测试计划和测试用例的周密和详细程度不亚于系统测试，正式验收测试选择的测试用例可以是系统测试中所执行测试用例的子集。针对某些小型的软件系统或软件企业内部自行研发的小型软件产品，可以采用非正式的验收测试。但针对采购性质的大型信息系统软件项目而言，验收测试通常是由项目团队与最终用户的组织代表一起主导执行的，验收测试过程通常会邀请具备专业资质的、独立的、客观公正的第三方测试机构，如中国软件评测中心或国家信息中心软件评测中心等来参与执行。中国软件评测中心的门户网站如图 2.14 所示。

图 2.14 第三方评测机构——中国软件评测中心

2.4 基本的测试类型

2.4.1 功能测试

软件包含很多模块，每个模块又包含若干个功能，功能测试要逐项覆盖软件的所有功能点，严格设计正反项测试用例，从正常和异常两方面展开测试。功能测试不仅要测试单个功能点的实现情况，还要对软件的业务流程及功能中数据的正确性进行验证，检查产品是否达到用户的要求。

2.4.2 易用性测试

人们在使用软件的过程中已经不满足仅仅是可用或能用。软件的功能性、实用性、交互舒适性包括软件的吸引力都是评价软件的标准。易用性测试就是测试软件使用是否方便、操作是否便捷，界面是否友好美观。

2.4.3 兼容性测试

随着硬件设备的多样化，用户对软件正确交互信息、共享数据、利用空间和同时执行多个程序的能力要求越来越高。兼容性测试就是验证软件在不同硬件设备、软件平台、操作系统、浏览器、网络等环境下是否能正常展示和正确运行。

2.4.4 性能测试

性能是指软件在完成相应功能时的执行效率如何，性能测试是通过自动化的测试工具模拟多种正常、峰值及异常负载条件来对软件的各项性能指标进行测试。性能测试需要评估真实的用户量和用户环境，通常在功能测试基本完成后及软件基本稳定后进行。

2.4.5 自动化测试

自动化测试是将人工执行的功能测试行为转化为工具和机器自动执行的一种过程。通常，在设计了功能测试用例并通过评审之后，由测试人员根据测试用例中描述的步骤依次执行测试，在执行过程中，为了节省人力、时间或硬件资源，提高测试效率，引入了自动化测试工具，自动实现实际结果与期望结果的比较，生成自动化测试报告。

2.4.6 回归测试

回归测试是修改了旧代码后，重新进行测试以确认修改是否引入新的错误或导致其他代码产生错误。回归测试的工作量在整个软件测试过程中占有很大的比重，作为软件生命周期的一个组成部分，在软件开发的各个阶段都可能会进行若干次回归测试。除了第一遍的测试，后期只要软件发生增加或修改，就有可能导致软件未被修改的部分产生新的问题，新加入的代码中也有可能含有缺陷,这都需要回归测试来验证。

2.4.7 冒烟测试

软件每次持续集成和发布版本后,都需要进行一个初始的快速的测试工作,以确定新发布版本的环境配置、持续集成过程是否顺利,软件的基本功能和流程是否能走通,软件是否会存在大量服务器错误,这样的测试就是冒烟测试,也叫作版本验证测试。对于新发布的软件版本如果在 5 分钟内使系统冲突或陷于泥潭,就认为软件不能通过冒烟测试,不可以执行下一步的系统测试。如果软件的主要功能验证没问题,这个版本就可以真正开始进行系统测试了。

2.4.8 可移植性测试

可移植性测试是验证软件是否可以被成功移植到指定的硬件或软件平台上,是对软件全部或部分安装和卸载处理、用户环境兼容及共存性的测试。它测试的内容主要包括:软件的安装过程是否顺利、软件的卸载是否干净、是否能够在用户使用手册中列出的系统平台上正常运行、是否能够在客户端要求配置的各种硬件环境下正常运行、软件安装后是否会对其他已安装部件造成影响。

2.4.9 可恢复性测试

可恢复性测试是通过人为的各种强制性手段让系统的软件或硬件出现故障,然后检测系统能否正确恢复,是一种对抗性的测试过程,如遇到系统崩溃、硬件损坏、意外关闭或其他灾难性故障的情况,调用恢复进程,监测、检查和核实软件能否恢复运行且数据基本不丢失。

2.4.10 安全性测试

安全性测试是验证软件的安全等级和识别潜在安全性缺陷的过程,其主要目的是查找软件自身程序设计中存在的安全隐患,并检查应用程序对非法侵入的防范能力,验证安装在系统内的保护机构确实能够对系统进行保护,使之不受各种干扰。软件安全性测试包含程序、网络安全性测试,根据指标不同,测试策略也不同,如银行金融类软件应注意交易数据的安全性。

2.4.11 本地化测试

本地化测试就是将软件版本的语言和使用习惯进行适应特定目标地区的更改,本地化测试的对象是软件的本地化版本。比如将英文版的 Windows 操作系统改成中文的 Windows 就是本地化。本地化测试重点关注软件内容,测试包括软件本地化后的界面布局和软件翻译的语言质量。本地化测试的环境是在本地的设备、计算机和操作系统上安装被本地化的软件,从测试方法上可以分为基本功能测试,安装/卸载测试、本地化的软硬件兼容性测试等。

2.4.12 探索性测试

探索性测试一般是有经验的测试人员采用的一种测试方法，它强调测试设计和测试执行是同时发生的，这是相对于传统软件测试过程中严格的"先设计，后执行"来说的，测试用例往往不需要专门记录。测试人员通过边测试边不断学习被测系统，同时把学习到的关于系统的更多信息通过综合的整理和分析，创造出更多的关于测试的见解，然后把这些见解探索性地应用于测试执行，从而发现缺陷，过程如图 2.15 所示。

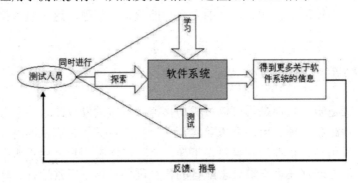

图 2.15 探索性测试过程

2.5 软件测试的流程

一个软件系统项目的测试工作要遵循软件测试的标准操作流程。

测试经理需要成立测试团队，组织团队成员分析提取测试需求，根据项目交付日期、资源情况拟定测试计划，然后分工设计并编写测试用例，搭建测试环境并准备测试数据，接着依据测试用例执行，比对预期结果与实测结果是否一致，不一致的用例记录为缺陷，同时督促开发人员修复缺陷，直到所有缺陷被关闭。此时，功能测试基本完成，项目趋于稳定。还有必要对软件系统执行一遍性能测试，确保软件的效率符合用户的预期要求。最后，分析评估整个测试过程及系统的开发情况，统计用例数据及缺陷数据，生成测试总结报告，如图 2.16 所示。其中最重要的五大核心流程包括：分析测试需求、制订测试计划、编写测试用例、跟踪处理缺陷、输出测试报告。

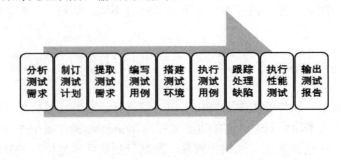

图 2.16 软件测试流程

知识自测

实 践 课 堂

任务：软件产品测试及评价

1. 生活中的软件产品非常多，请选择一款自己感兴趣的软件产品。
产品名称：_____
该产品的软件、硬件运行平台是：_____
_____
_____

2. 说说你对该软件产品的认识和评价。
(1) 软件界面和易用性：_____
_____
_____

(2) 功能：_____
_____
_____

(3) 安全性：_____
_____
_____

(4) 性能：_____
_____
_____

3. 假如你是一位测试经理，现在需要对该软件产品展开软件测试工作，请你明确测试工作如何组织与开展。

学生自评及教师评价

学生自评表

序　号	课堂指标点	佐　证	达　标	未达标
1	软件测试的定义	阐述软件测试的定义		
2	软件测试的目的	阐述软件测试的目的		
3	软件测试的原则	阐述软件测试的原则		
4	软件测试的分类	辨析不同软件测试分类之间的差异		
5	软件测试的流程	知道软件测试的流程		
6	职业素养水平	能够按测试流程有目的地开展项目测试工作		

教师评价表

序　号	课堂指标点	佐　证	达　标	未达标
1	软件测试的定义	能否阐述软件测试的定义		
2	软件测试的目的	能否阐述软件测试的目的		
3	软件测试的原则	能否阐述软件测试的原则		
4	软件测试的分类	能否辨析不同软件测试分类之间的差异		
5	软件测试的流程	能否知道软件测试的流程		
6	职业素养水平	能否按测试流程有目的地开展项目测试工作		

模块 3

软件测试技术

教学目标

知识目标

◎ 掌握白盒测试技术的概念、特点和用例设计方法。
◎ 理解基本路径法中的控制流图、圈复杂度。
◎ 掌握黑盒测试技术中等价类划分法的概念和原理,以及有效等价类和无效等价类。
◎ 理解边界值法的概念和特点,以及一般和健壮边界的区别。
◎ 掌握判定表的概念。
◎ 掌握因果图的概念。
◎ 理解场景图法的概念。

能力目标

◎ 运用逻辑覆盖法设计白盒测试用例的能力。
◎ 运用基本路径法设计白盒测试用例的能力。
◎ 运用等价类划分法设计黑盒测试用例的能力。
◎ 运用边界值法设计黑盒测试用例的能力。
◎ 运用判定表法设计黑盒测试用例的能力。
◎ 运用因果图法设计黑盒测试用例的能力。
◎ 运用场景图法设计黑盒测试用例的能力。

素养目标

◎ 培养学生辩证、客观,从多角度全面看待问题的意识。
◎ 培养学生细心、耐心和有责任心的工匠精神。
◎ 培养学生逻辑思维能力和分析解决问题的能力。

知识导图

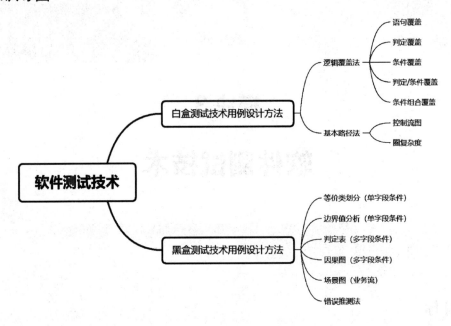

知识准备

3.1 白盒测试技术

3.1.1 白盒测试的基本概念

白盒测试是针对程序的内部结构和逻辑进行的测试,旨在验证程序的内部行为是否遵循设计规范。进行白盒测试时需要覆盖全部代码、语句、分支、条件及路径,依据程序设计的控制结构来设计导出测试用例,检验程序中的每条路径是否都能按预定要求正确工作,它是软件测试的主要方法之一。测试人员要知道软件产品内部的工作过程必须要进行白盒测试,通过在不同语句、不同分支处检查程序的状态,确定实际的状态是否与预期的状态一致。

白盒测试的主要方法有代码检查法、静态结构分析法、逻辑覆盖法、基本路径法等,主要用于测试软件程序代码。常见的程序错误类型有未正确定义变量、无效引用、野指针、数组越界、内存分配后未删除、无法进入循环体、函数本身没有析构、循环失效或者死循环、参数类型不匹配、内存泄露、调用系统的函数没有考虑到系统兼容性等。

白盒测试一般以程序单元或模块为基础,目前归为开发的范畴。一般要先对代码进行静态测试,可以用人工检查或静态代码分析工具(例如腾讯 TscanCode、鸿渐 SAST、谷歌 Pylint 等)辅助,工具能够自动检查变量的正确性,能够返回指针错误、数组越界、内存泄露、废弃函数等问题。白盒测试的优点是帮助软件测试人员提高代码验证的覆盖率,提高代码质量,发现代码中隐藏的问题。它的缺点是测试过程耗时且无法完全检测代码中所有的路径及数据敏感性错误。

3.1.2 逻辑覆盖法

逻辑覆盖法是通过对程序内部逻辑结构的遍历来设计测试用例,实现对程序代码的覆盖,它是一系列测试方法及过程的总称。在白盒测试中,逻辑覆盖法的测试用例设计步骤如下。

(1) 先分析程序结构,画出程序的流程图,流程图的必备要素如图 3.1 所示。

(2) 在流程图中为每个可执行语句编号,如 1,2,3 等。

(3) 在流程图中列出程序的每个判定表达式的取值情况,可用大写字母 T(真)和 F(假)加序号表示(T1, F1, T2, F2, ...)。

(4) 在流程图中标注出程序的执行路径的序号(a, b, c, ...)。

(5) 对程序的每个判定的条件表达式的取值情况进行标注,可用小写字母 t 和 f 加序号表示(t1, f1, t2, f2, ...)。

(6) 整理出流程图中每个判定间的所有条件的组合情况,假设有 n 个条件,每个条件有 2 种取值(真或假),那么条件组合情况有 2^n 种。

(7) 分别根据所使用的逻辑覆盖方法选取测试用例数据设计出对应的测试用例表。

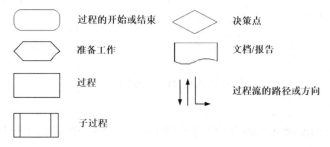

图 3.1 程序流程图的组成

逻辑覆盖法具体包括:语句覆盖、判定覆盖、条件覆盖、判定/条件覆盖或者条件组合覆盖法。首先,分析以下一段 C 语言程序。

```
#include <stdio.h>
int x,a,b;
int main( ){
   printf("请输入 x,a,b:\n");
   scanf("%d %d %d:",&x,&a,&b);
   printf("您输入的 x,a,b 分别是:%d %d %d\n",x,a,b);
     if((a>1)&&(b==0))  {
         x=x/a;
             }
     printf("x 第一次=%d \n",x);
   if((a==2)||(x>1))  {
          x=x+1;
              }
   printf("x 第二次=%d \n",x);
   return 0;
}
```

按逻辑覆盖法的测试用例设计步骤,先分析程序结构,画出程序核心部分的流程图并在流程图中标注出语句、判定、条件和路径(见图3.2)。

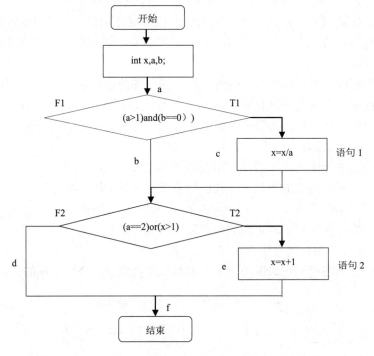

图 3.2　程序流程图

语句覆盖和
判定覆盖(微课)

1)　语句覆盖

语句覆盖(statement coverage)设计若干个测试用例,使被测试程序中的每条可执行语句至少执行一次。

根据如图 3.2 所示的程序流程图,对于程序的输入 a、b、x,设计取多少的输入值能够覆盖到流程图中的语句 1 和语句 2? 我们发现,通过 acef 这条路径可以使得语句 1 和语句 2 都至少执行一次。设计出满足语句覆盖的一组测试用例(见表 3.1)。

表 3.1　语句覆盖测试用例

编号	输入数据	覆盖语句	预期输出	路径
1	a = 2、b =0、x = 4	语句 1 、语句 2	x 第一次=2、x 第二次=3	acef

我们再观察,如果开发人员错把程序判定中的逻辑关系 and 写成 or,把 or 写成 and,那么对于这组输入数据 x = 4、a = 2、b =0,当 a=2,b=0 时,第一个判定为真(T1),执行 x=x/a=4/2=2 赋值给 x,第二个判定因 a=2 也为真,x=2>1 为真(T2),执行 x=x+1=3,x 的输出依旧符合预期。因此,这个满足语句覆盖的测试用例并不能发现开发人员的错误。说明语句覆盖的检查能力不是很强。

语句覆盖的优点是可以很直观地从源程序代码中得到测试用例,无须具体分析每个判定表达式。它的缺点是测试仅仅针对程序逻辑中显式存在的语句,对隐藏的条件和可能到达的逻辑分支无法进行测试。

2) 判定覆盖

判定覆盖(decision coverage)：设计若干个测试用例，使被测程序中每个判定的取真分支和取假分支至少执行一次。

如图 3.2 所示的程序流程图，为了实现判定覆盖，需要设计对于程序的输入值 a、b、x，使得流程图中的判定 1 和判定 2 都能至少执行一次。设计测试用例，例如 a=2、b=0、x=4 使得第一个判定为真(T1)，第二个判定为真(T2)。然后再设计一条测试用例，例如 a=1、b=0、x=1，使得第一个判定为假(F1)，第二个判定为假(F2)。这样即可满足判定覆盖使得程序中两个判定的真、假分支至少被执行一次。设计出的满足判定覆盖的一组测试用例如表 3.2 所示。

表 3.2 判定覆盖测试用例 1

编号	输入数据	覆盖判定	预期输出	路径
1	a = 2、b =0、x = 4	T1 T2	x 第一次等于 2、x 第二次等于 3	acef
2	a = 1、b =0、x = 1	F1 F2	x 第一次等于 1、x 第二次等于	abdf

此外，还可以设计另外一组实现了判定覆盖的测试用例(见表 3.3)。

表 3.3 判定覆盖测试用例 2

编号	输入数据	覆盖判定	预期输出	路径
1	a =3、b =0、x =3	T1 F2	x 第一次等于 1、x 第二次等于 1	acdf
2	a =2、b =1、x = 1	F1 T2	x 第一次等于 1、x 第二次等于 2	abef

如果开发人员不小心把程序中的判定条件写错，例如把条件 x>1 错写成 x<1，那么，通过这组测试用例依旧无法测试出这个错误。因此判定覆盖虽然比语句覆盖强，但其测试能力仍然比较局限。

判定覆盖具有比语句覆盖更强的测试能力，它也无须具体分析每个判定表达式。然而，由于大部分的判定语句包含多个逻辑条件(如判定语句中使用 and、or 等逻辑关系)，如果只考虑整个判定的最终结果，而忽略各个条件的取值，必然会遗漏部分错误的测试。

3) 条件覆盖

条件覆盖(condition coverage)：设计足够多的测试用例，使被测程序每个判定中的每个条件的所有可能取值至少执行一次。

根据如图 3.2 所示的程序流程图，为了满足条件覆盖，整理出该程序中的四个条件 a>1、b=0、a=2、x>1，设计输入数据 a、b、x，使得四个条件分别至少为一次真，然后再让四个条件分别至少为一次假。

条件覆盖、判定条件覆盖

设计满足条件覆盖的一组测试用例(见表 3.4)。

当 a = 2、b =0、x = 4 的时候四个条件都取到了真值，走 acef 这条路径。当 a=0、b=1、x =0 的时候四个条件都取到了假值，走 abdf 这条路径。这样的两个测试用例确保程序中每个条件的真值和假值都至少被执行了一次，满足条件覆盖的要求。

现在，我们设计另外一组实现了条件覆盖的测试用例(见表 3.5)。

表 3.4 条件覆盖测试用例

编号	输入数据	条件取值	预期输出	路径
1	a =2、b =0、x =4	t1 t2 t3 t4	x 第一次=2、x 第二次=3	acef
2	a =0、b =1、x =0	f1 f2 f3 f4	x 第一次=0、x 第二次=0	abdf

表 3.5 条件覆盖测试用例

编号	输入数据	条件取值	预期输出	路径
1	a =2、b =1、x =1	t1 f2 t3 f4	x 第一次=1、x 第二次=2	abef
2	a =1、b =0、x =3	f1 t2 f3 t4	x 第一次=3、x 第二次=4	abef

表 3.5 中第一个测试用例,我们让第一个条件为真,第二个条件为假,第三个条件为真,第四个条件为假。第二个测试用例,我们让第一个条件为假,第二个条件为真,第三个条件为假,第四个条件为真,这种情况也能满足条件覆盖。此时,两个测试用例的路径都是 abef。因此,满足条件覆盖的测试用例并不一定能满足判定覆盖,因为条件覆盖可能无法覆盖测试程序中每个判定的真假。

条件覆盖相较于判定覆盖,增加了对判定中各个条件取值情况的测试。尽管条件覆盖比判定覆盖更为细致,但它并不保证每个判定的所有可能结果都被测试到。它确保了程序中每个条件至少有一次为真和假的执行,但不保证覆盖所有可能的判定结果。鉴于此,我们引入了一种新的覆盖方法:判定/条件覆盖法。

4) 判定/条件覆盖

判定/条件覆盖(decision/condition coverage):设计足够多的测试用例,使被测程序中的每个判定的每个条件的所有可能取值至少执行一次,并且每个判定的取真分支和取假分支也至少执行一次。

判定/条件覆盖结合了判定覆盖和条件覆盖的优点。根据如图 3.2 所示的程序流程图,设计输入 a、b、x 的值,使得程序中的每个判定和每个条件都至少有一次为真和一次为假,满足判定/条件覆盖的一组测试用例如表 3.6 所示。

表 3.6 判定/条件覆盖测试用例

编号	输入数据	覆盖判定	条件取值	预期输出	路径
1	a =2、b =0、x =4	T1 T2	t1 t2 t3 t4	x 第一次=2、x 第二次=3	acef
2	a =1、b =1、x = 1	F1 F2	f1 f2 f3 f4	x 第一次=1、x 第二次=1	abdf

判定/条件覆盖的优点是能同时满足判定覆盖准则和条件覆盖准则,弥补了二者的不足。但是,判定/条件覆盖未考虑程序中多个条件相组合取值的情况。

5) 条件组合覆盖

条件组合覆盖的基本思想是设计足够多的测试用例,使得判定中每个条

条件组合覆盖、
路径覆盖(微课)

件的所有可能取值至少出现一次,并且每个条件的各种取值组合都至少出现一次。注意:它与条件覆盖的差别是它不是简单地要求每个条件都出现"真"与"假"两种结果,而是要求所有可能结果的真假组合都至少出现一次,显然,每个判定本身的结果也会至少出现一次。

根据图 3.2 的程序流程图,设计测试用例,使程序中的每个条件都至少取到一次真值和假值,且让它们真假值相组合。该程序中的四个条件 a>1、b=0、a=2、x>1,每个条件要么为真要么为假,让四个条件进行全组合,总共有 2^4=16 种组合情况(见表 3.7)。

表 3.7 条件组合覆盖测试用例

编号	输入数据	条件组合取值	预期输出	路径
1	a=2、b=0、x=2	t1 t2 t3 t4	x 第一次=1、x 第二次=2	acef
2	a=2、b=0、x=1	t1 t2 t3 f4	x 第一次=0、x 第二次=1	acef
3	a=3、b=0、x=2	t1 t2 f3 t4	x 第一次=0、x 第二次=0	acef
4	a=3、b=0、x=1	t1 t2 f3 f4	x 第一次=0、x 第二次=0	acdf
5	a=2、b=1、x=2	t1 f2 t3 t4	x 第一次=2、x 第二次=3	abef
6	a=2、b=1、x=1	t1 f2 t3 f4	x 第一次=1、x 第二次=2	abef
7	a=3、b=1、x=2	t1 f2 f3 t4	x 第一次=2、x 第二次=3	abef
8	a=3、b=1、x=1	t1 f2 f3 f4	x 第一次=1、x 第二次=1	abdf
9	不存在	f1 t2 t3 t4	——	
10	不存在	f1 t2 t3 f4	——	
11	a=1、b=0、x=2	f1 t2 f3 t4	x 第一次=2、x 第二次=3	abef
12	a=1、b=0、x=1	f1 t2 f3 f4	x 第一次=1、x 第二次=1	abdf
13	不存在	f1 f2 t3 t4	——	
14	不存在	f1 f2 t3 f4	——	
15	a=1、b=1、x=2	f1 f2 f3 t4	x 第一次=2、x 第二次=3	abef
16	a=1、b=1、x=1	f1 f2 f3 f4	x 第一次=1、x 第二次=1	abdf

其中,第 9、10、13、14 个用例不存在对应的输入值,因为当第一个条件 a>1 为假,即当 a≤1 时,不可能让第三个条件 a=2 为真,因此条件 f1 和 t3 矛盾。条件组合覆盖必须要将这种条件之间的相互影响考虑进去,所以去掉这四个矛盾的测试用例。剩余 12 个测试用例,整理后如表 3.8 所示。

表 3.8 整理后的条件组合覆盖测试用例

编号	输入数据	条件组合取值	预期输出	路径
1	a=2、b=0、x=2	t1 t2 t3 t4	x 第一次=1、x 第二次=2	acef
2	a=2、b=0、x=1	t1 t2 t3 f4	x 第一次=0、x 第二次=1	acef
3	a=3、b=0、x=2	t1 t2 f3 t4	x 第一次=0、x 第二次=0	acef
4	a=3、b=0、x=1	t1 t2 f3 f4	x 第一次=0、x 第二次=0	acdf
5	a=2、b=1、x=2	t1 f2 t3 t4	x 第一次=2、x 第二次=3	abef
6	a=2、b=1、x=1	t1 f2 t3 f4	x 第一次=1、x 第二次=2	abef

续表

编号	输入数据	条件组合取值	预期输出	路径
7	a=3、b=1、x=2	t1 f2 f3 t4	x 第一次=2、x 第二次=3	abef
8	a=3、b=1、x=1	t1 f2 f3 f4	x 第一次=1、x 第二次=1	abdf
9	a=1、b=0、x=2	f1 t2 f3 t4	x 第一次=2、x 第二次=3	abef
10	a=1、b=0、x=1	f1 t2 f3 f4	x 第一次=1、x 第二次=1	abdf
11	a=1、b=1、x=2	f1 f2 f3 t4	x 第一次=2、x 第二次=3	abef
12	a=1、b=1、x=1	f1 f2 f3 f4	x 第一次=1、x 第二次=1	abdf

条件组合覆盖的优点是方法简单，只需要找到所有条件，列出条件的取值组合，设计相应的输入数据。条件组合覆盖方法能够同时满足语句覆盖、判定覆盖、条件覆盖和判定/条件覆盖的要求，测试得比较全面。但是，条件组合覆盖线性地增加了测试用例的数量，可能导致冗余，一般当程序中条件数量大于5时，不建议使用该方法。

总结这几种逻辑覆盖方法。语句覆盖法只考虑了程序中的可执行语句，它的检测能力相对较弱。判定覆盖只覆盖了程序中每个判定结果的真值和假值。条件覆盖也只检测程序中每个条件的真值和假值，虽然比语句覆盖稍强一些，但仍未全面覆盖所有可能的执行路程径。第四种方法判定/条件覆盖方法由于要兼顾程序中的条件和判定，它的检测能力比其他三种都强，但是用例设计难度比较大。这五种逻辑覆盖法从弱到强的排列顺序是：语句覆盖、判定覆盖、条件覆盖、判定/条件覆盖、条件组合覆盖。它们之间的关系实际上可以用图3.3表示，满足判定覆盖的测试用例一定满足语句覆盖，满足判定/条件覆盖的测试用例一定同时满足判定覆盖和条件覆盖，满足条件组合覆盖的测试用例一定满足其他四种覆盖。

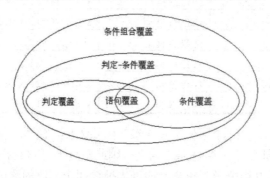

图3.3 逻辑覆盖法关系图

3.1.3 基本路径法

在逻辑覆盖法中，为了分析程序语句执行的流程，画出程序流程图是必须的。而在基于程序路径的测试过程中，我们不需要关注程序细节，只需要考虑程序的执行路径。使用基本路径法时，需要画出程序的控制流图。控制流图(control flow graph)是程序流程图的简化，它只有两种简单的图示：结点和控制流边。结点代表程序流程图矩形框表示的语句处理或菱形框表示的判定条件，一个结点可以是一个单独的语句(if、while、for)，也可以是多个顺序执行的语句块。控制流表示程序控制的转移过程，指示程序执行的路径流向，类似于有向图的边，每条边

基本路径法
(微课)

必须要终止于某一结点。由一组结点和连接结点的边(控制流)所共同构成的部分被称为区域。在进行区域计数时，图形外的区域也应记为一个区域，如图 3.4 所示，其中左边是程序流程图，右边是控制流图。特别注意的是，流程图中顺序执行的多条语句可以合并为一个结点，如语句 4 和语句 5。流程图中，在选择或者分支结构中，分支的汇聚处应有一个汇聚结点，如结点 9 和结点 10。

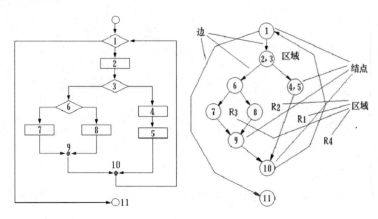

图 3.4 程序流程图和控制流图

控制流图有以下几个特点。
(1) 具有唯一入口结点，即源结点，表示程序段的开始语句。
(2) 具有唯一出口结点，即汇结点，表示程序段的结束语句。
(3) 结点由带有标号的圆圈表示，标号相当于程序的行号，表示一个或多个源程序语句。
(4) 控制边由带箭头的直线或弧表示，代表控制流的方向。
常见的控制流图结构如图 3.5 所示。

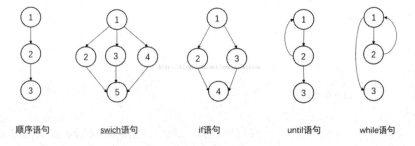

图 3.5 程序控制流图结构

基本路径法可以对带有循环程序的基本路径进行覆盖，例如，分析以下 C 语言程序。

```
#include <stdio.h>
int sort(int i,int j);
int main(){
    int i,j,z;
        printf("请输入 i, j 的值\n");
    scanf("%d %d",&i,&j);
        z=sort(i,j);
    printf("%d",z);
```

```
        return 0;
}
int sort(int i,int j){
    int x=0;
    int y=0;
    while(i>0)
       {
      if(0==j)
         { x=y+2;   break; }
      else
        if(1==j)
             x=x+10;
        else
            x=x+20;
            i--;
        }
        return x;
}
```

第一步，按基本路径法的用例设计步骤，先分析程序结构，画出程序核心部分的控制流图。

◎   1   int sort(int I, int j){
◎   2   int x=0;
◎   3   int y=0;
◎   4   while(i>0)
◎   5   {
◎   6   if(0==j)
◎   7   { x=y+2;   break; }
◎   8   else if(1==j)
◎   9   x=x+10;
◎   10   else
◎   11   x=x+20;
◎   12   i --;
◎   13   }
◎   14   return x;
◎   15   }

接着，根据程序的控制流图，计算程序的圈复杂度，也叫 McCabe 复杂性度量，用 V(G) 表示，它是一种为程序逻辑复杂性提供定量测度的软件度量，该度量用于计算程序的基本独立路径数目，它提供了确保所有语句至少执行一次所需测试用例数量的上限。有以下三种方法计算圈复杂度。

(1) 在控制流图中，区域的数量对应等于圈复杂度 V(G)。

(2) 给定控制流图 G 的圈复杂度 V(G)，定义为 V(G)=E-N+2。其中：E 是控制流图中边的数量；N 是控制流图中结点的数量。

(3) 给定控制流图 G 的圈复杂度 V(G)，定义为 V(G)=P+1。其中：P 是控制流图 G 中判定结点的数量。

第二步，根据如图 3.6 所示的程序控制流图，计算圈复杂度 V(G) 如下。

(1) 程序的控制流图中有 4 个区域。
(2) V(G)=10(边) -8(结点) +2=4。
(3) V(G)=3(判定结点) +1=4。

在结构性程序测试中，要求使用程序中的基本路径概念，并使程序的控制流图的圈复杂度就是基本独立路径的条数，显然，圈复杂度的值越高，程序的测试就越困难。

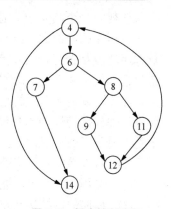

图 3.6　程序控制流图

第三步，根据图 3.6 中程序圈复杂度 V(G) 的计算，可得出四条独立的基本路径集，源结点为 4，汇结点为 14。

路径 1：4—14。
路径 2：4—6—7—14。
路径 3：4—6—8—9—12—4—14。
路径 4：4—6—8—11—12—4—14。

第四步，为了确保基本路径集中的每一条路径的执行，根据判断结点给出的条件，选择适当的数据以保证某一条路径可以被测试到，满足上面例子基本路径集的测试用例如表 3.9 所示。

表 3.9　基本路径法测试用例

测试用例编号	输入数据	预期输出	覆盖路径
1	i=0，j=0	x=0	4—14
2	i=1，j=0	x=2	4—6—7—14
3	i=1，j=1	x=10	4—6—8—9—12—4—14
4	i=1，j=2	x=20	4—6—8—11—12—4—14

总结基本路径法设计步骤如下。

(1) 画出程序流程图，转为控制流图 (选择或多分支结构中，分支的汇聚处应有一汇聚结点)。
(2) 标识结点数目、边数或者区域数，计算出圈(环形)复杂度。
(3) 根据圈复杂度确定基本路径集合中的独立路径数目。
(4) 覆盖每一条基本路径数目，选取输入数据设计出测试用例。

因此，在使用白盒测试技术进行测试用例设计的时候，除了需要检查程序内部的数据结构以确保其有效性，还需要保证一个程序模块中的所有可执行语句被覆盖到，所有判定和条件的逻辑值均需测试到真值(True)和假值(False)。此外，程序的每条独立路径至少被执行一次，同时要考虑在上下边界及可操作范围内运行所有循环。

3.2　黑盒测试技术

3.2.1　黑盒测试技术的基本概念

任何软件程序都可以看作从输入定义域取值映射到输出值域的函数，黑盒测试技术是将系统视为一个黑盒子，通过测试来检测软件的每个功能是否能正常使用。黑盒测试技术不考虑程序的内部逻辑结构，它主要对软件界面和软件功能进行测试。测试工程师主要检查程序功能是否符合软件需求规格说明书的规定，并能正常使用，以及程序是否能适当地接收输入数据并产生正确的输出信息。

黑盒测试是从用户的角度，从输入数据与输出数据的对应关系出发进行测试。很明显，如果软件外部特性的本身设计有问题或软件需求规格说明书中的规定有误，用黑盒测试技术是发现不了的。黑盒测试的主要测试内容包括以下几点。

(1) 软件系统是否有不正确的或者遗漏了的功能。
(2) 在程序接口上，能否正确地接受输入数据，然后产生正确的输出反应或提示信息。
(3) 程序的链接访问及跳转是否有错。
(4) 软件能否屏蔽非法的或者错误的输入，给出的错误提示是否有效。
(5) 软件系统的业务流程是否符合逻辑。
(6) 软件系统的界面是否有错误，是否存在不美观、不一致的问题。
(7) 软件的性能表现是否能够满足用户的需求。

黑盒测试有两种，即通过测试和失败测试。在进行通过测试时，实际上是确认软件能实现什么，而不会去考验软件的容错能力如何，软件测试工程师只运用最简单、最直观的正向测试用例即可。在设计和执行测试用例的时候，总是先要进行通过测试，看一看软件基本功能是否能够实现，然后，就可以采取各种手段设计和执行反向的失败测试用例，通过破坏性测试搞"垮"软件来找出缺陷。

黑盒测试技术中的测试用例设计方法有很多，可以把它们分成两类：单条件输入和多条件输入，可以采用等价类划分法和边界值分析法来设计测试用例。单条件输入或者条件与条件之间是独立的情况。而对于输入数据包括多条件且条件之间是互相组合、相互影响的情况，我们可以采用判定表法和因果图法来设计测试用例。

3.2.2 等价类划分法

从理论上讲，黑盒测试技术只有采用穷举输入测试，即把所有可能的输入都作为测试情况考虑，才能测试出软件程序中所有的错误和异常。实际的测试情况有无穷多个，人们不仅要测试所有合法的输入，还要对那些不合法但可能的输入进行测试。这样看来，完全测试是不可能的，所以我们要进行有针对性的测试，通过制订合理的测试用例来指导测试的实施，保证软件测试有组织、按步骤、有计划地进行。

对输入数据进行等价类的划分是有效的，等价类是指某个输入域的子集合，在该子集合中，各个输入数据对于揭露程序中的错误都是等效的。等价类划分法是把所有可能的输入数据，即程序的输入域划分成若干部分(子集)，然后从每一个子集中选取少数具有代表性的数据作为测试用例。每一类的代表性数据在测试中的作用等价于这一类中的其他值，如果在某一类中的一个数据被发现有错误，在这一等价类的其他数据中也能发现同样的错误；反之，如果在某一类中的一个数据没有发现错误，则这一类中的其他数据也不会查出错误。该方法是一种常用的、重要的黑盒测试用例设计方法。

等价类可以分为有效等价类和无效等价类。有效等价类是指对于程序的需求规格说明来说合理和有意义的输入数据所构成的集合，利用有效等价类可以检验程序是否实现了规格说明中所规定的功能和性能。无效等价类是指对于程序的需求规格说明来说不合理或无意义的输入数据所构成的集合,利用无效等价类可检验程序是否正确处理了无效数据。举例来说,对于学生成绩输入的字段,可以划分的等价类如图 3.7 所示。

图 3.7　成绩字段等价类划分

　　按照等价类划分的类型,弱一般等价类指的是 0~100 中任意一个数为测试数据,因此只设计 1 个测试用例即可。强一般等价类分为 0、1~99、100 三个等价类,因此需要设计 3 个测试用例。弱健壮等价类考虑到 60 分在实际情况中为特殊数字,因此划分 0、1~99(除 60 外)、100、60 四个等价类,除此之外,还要考虑各种非法输入,如负数、其他字符、空格、null 值等。

　　当软件要求在文本框输入数据时,用户没有输入任何内容,而是直接按了 Enter 键或点击了"提交"按钮。这种情况在需求规格说明书中常常被忽视,开发人员总会习惯性地认为用户要么输入信息,不管是看起来合法或非法的信息,要么就会选择取消键放弃输入,如果没有对空值(null)进行合适的处理,开发人员自己都不会知道程序会如何响应。这些值通常在软件中需要进行特殊处理,所以不要把它们与合法情况与非法情况混在一起,而应建立单独的等价类区间。

　　划分等价类的原则:①按区间划分;②按数值划分;③按数值集合划分;④按限制条件或规则划分。

　　在输入条件规定了取值范围或值的个数的情况下,则可以确立一个有效等价类和两个无效等价类。

　　在输入条件规定了输入值的集合或者规定了"必须如何"的条件的情况下,可以确立一个有效等价类和一个无效等价类。

　　在输入条件是一个布尔量的情况下,可确定一个有效等价类和一个无效等价类。

　　在规定了输入数据的一组值(假定有 n 个值),并且程序要对每一个输入值分别处理的情况下,可确立 n 个有效等价类和一个无效等价类。

　　在规定了输入数据必须遵守的规则的情况下,可确立一个有效等价类(符合规则)和若干个无效等价类(从不同角度违反规则)。

　　在确知已划分的等价类中各元素在程序处理中的方式不同的情况下,则应再将该等价类进一步地划分为更小的等价类。

　　使用等价类划分法设计测试用例,首先必须在分析软件需求规格说明书的基础上划分等价类,列出等价类表(见表 3.10),列出所有划分出的等价类。

表 3.10　等价类表

输入条件	有效等价类编号	有效等价类	无效等价类编号	无效等价类
…		…		…
…		…		…

根据已列出的等价类表，按以下步骤确定测试用例。

(1) 为每个等价类规定一个唯一的编号。

(2) 设计一个新的测试用例，使其尽可能多地覆盖尚未覆盖的有效等价类，重复这一步，直到所有有效等价类均被测试用例所覆盖。

(3) 设计一个新的测试用例，使其只覆盖一个特定的无效等价类，重复这一步，直到所有无效等价类均被覆盖。

根据下面给出用户密码字段的需求规格说明，利用等价类划分的方法设计给出足够的测试用例。

(1) 用户密码位数为 6 到 8 位；

(2) 用户密码必须含有字母和数字的组合。

如果密码正确，则输出正确的信息。否则，输出相应的错误提示信息。

列出等价类表(见表 3.11)。

表 3.11 等价类表

输入条件	有效等价类编号	有效等价类	无效等价类编号	无效等价类
用户密码	(1)	6≤位数≤8	(3)	位数<6
			(4)	位数>8
	(2)	包含字母和数字	(5)	不包含数字
			(6)	不包含字母

列出测试用例表(见表 3.12)。

表 3.12 测试用例表

测试用例编号	输入参数	覆盖等价类	预期输出
1	1234abcd	(1)(2)	密码正确，程序正常处理
2	1234a	(3)(2)	提示：请输入 6 到 8 位数的密码
3	123456789df	(4)(2)	提示：请输入 6 到 8 位数的密码
4	abcdedf	(1)(5)	提示：密码应是字母和数字的组合
5	1234567	(1)(6)	提示：密码应是字母和数字的组合

3.2.3 边界值分析法

评价一个测试方法的标准包括测试用例高覆盖度、数量尽可能少、冗余度低、缺陷定位能力强，同时测试方法越简单越好。从长期的软件测试工作过程经验中得知，软件的大量的错误往往是发生在程序输入或输出范围的边界上，而不是在输入范围的内部。因此对各种边界值设计测试用例，有利于查找出更多的缺陷。

边界值分析法就是对软件输入或输出边界上的值进行测试的一种黑盒测试技术。边界值分析法是一种补充等价类划分法的测试用例设计方法，它不是选择等价类的任意元素，而是选择等价类边界上的输入数据作为测试用例。实践证明，这种测试用例常常能够取得良好的测试效果。

设计边界值测试用例，应遵循以下几条原则。

(1) 如果输入条件规定了值的范围，则应取刚达到这个范围的边界的值，以及刚刚超过这个范围边界的值作为测试输入数据。

(2) 如果输入条件规定了值的个数，则应取最大个数、最小个数、比最小个数少1、比最大个数多1的数作为测试数据。

(3) 根据软件需求规格说明中的每个输出条件，使用前面提到的原则(1)。

(4) 根据软件需求规格说明中的每个输出条件，应用前面提到的原则(2)。

(5) 如果程序的需求规格说明给出的输入域或输出域是有序集合，则应选取集合的第一个元素和最后一个元素作为测试用例。

(6) 如果程序中使用了一个内部的数据结构，则应当选择这个内部数据结构边界上的值作为测试用例。

(7) 分析其他的一些可能涉及边界的数据类型，对于软件需求中的数值、速度、字符、地址、时间、位置、尺寸、数量等。

对于边界值的选取，常见的边界值分类包括一般边界值和健壮边界值。把等价类中间的值取为 Normal 值，边界上的最小值取为 Min，边界上的最大值取为 Max。

一般边界值分析：Min Min+ Normal Max- Max。

健壮边界值分析：Min- (Min Min+ Normal Max- Max) Max+。

由于一般边界值取的是有效等价类上的边界，通常我们选择用健壮边界值来设计用例。

例如，对于一个区间 $0 \leq x \leq 100$，它的一般边界值取 x=0、x=1、x=99、x=100，健壮边界值取 x=-1、x=0、x=1、x=99、x=100、x=101。

对于二元函数 f(x, y)，其中 $x \in [1, 12]$、$y \in [1, 31]$，采用边界值分析法设计测试用例，我们需要依次取到每个值的边界，此时，另外一个值取中间的 Normal 值。二元函数 f(x, y) 的健壮边界值取：<0, 15>，<1, 15>，<2, 15>，<11, 15>，<12, 15>，<13, 15>，<6, 0>，<6, 1>，<6, 2>，<6, 30>，<6, 31>，<6, 32>，其中 6 是 $x \in [1, 12]$ 的 Normal 值，15 是 $y \in [1, 31]$ 的 Normal 值。

下面，我们以三角形输出程序为例，要求软件输入的数据是三个整数 a、b、c，分别作为三角形的三条边，取值范围在 1~100，判断由三条边构成的三角形类型输出为等边三角形、等腰三角形、一般三角形(包括直角三角形)及非三角形。三角形三条边的边界值分析表如表 3.13 所示，三条边分别取健壮边界。

表 3.13 边界值分析表

输入条件	a	b	c
Min-	0	0	0
Min	1	1	1
Min+	2	2	2
Normal	50	50	50
Max-	99	99	99
Max	100	100	100
Max+	101	101	101

在边界值测试用例设计的过程中需要分别覆盖每一个输入条件的边界值，其他输入条件为 Normal 值。3 个条件取值范围在 1～100，取 1 个正常等价类中的 Normal 值和 6 个健壮边界，共有 3×6+1=19 个测试用例，如表 3.14 所示。

表 3.14　边界值测试用例表

测试用例编号	a	b	c	预期输出
1	0	50	50	提示：请输入 1～100 的整数
2	1	50	50	等腰三角形
3	2	50	50	等腰三角形
4	50	50	50	等边三角形
5	99	50	50	等腰三角形
6	100	50	50	非三角形
7	101	50	50	提示：请输入 1～100 的整数
8	50	0	50	提示：请输入 1～100 的整数
9	50	1	50	等腰三角形
10	50	2	50	等腰三角形
11	50	99	50	等腰三角形
12	50	100	50	非三角形
13	50	101	50	提示：请输入 1～100 的整数
14	50	50	0	提示：请输入 1～100 的整数
15	50	50	1	等腰三角形
16	50	50	2	等腰三角形
17	50	50	99	等腰三角形
18	50	50	100	非三角形
19	50	50	101	提示：请输入 1～100 的整数

使用等价类划分法和边界值分析法相结合设计测试用例，首先，要仔细分析每个输入条件或外部条件，进行等价类划分，形成等价类表，并为每一等价类规定一个唯一的编号。然后，根据常见的边界值分析法的分类，找出每个等价类对应的边界值，通常选取有效等价类的健壮边界值。最后，依次覆盖每个等价类和边界值，多个输入条件时，其他条件默认为中间的 Normal 值即可。

3.2.4　判定表法

判定表法适用于多个输入条件相互存在组合关系的情况。程序设计发展初期，判定表就被当作编写程序的辅助工具了。它可以把复杂的逻辑关系和多种条件组合的情况表达得既具体又明确，能够将复杂的问题按照各种可能的情况全部列举出来，简明并能避免遗漏。因此，在一些程序的数据处理过程当中，若某些操作的实施依赖于多个逻辑输入条件的组合，即针对不同逻辑条件的组合值，分别执行不同的操作，这种情况就适合使用判定表。

黑盒测试技术-
判定表法(微课)

判定表(decision table)就是分析和表达在多逻辑条件取值组合的情况下，执行不同的操作的一种工具。判定表的输入是多逻辑条件的组合，输出是执行不同操作，它的本质是一个分析表达工具。

判定表法(或决策表法)是根据需求描述建立判定表，导出测试用例的方法。在所有黑盒测试方法中，基于判定表的测试是最严格、具有逻辑性的测试方法。它可以设计出完整的测试用例集合。

例如，在翻开一本技术书籍的几页目录后，读者看到一张表，名为"本书阅读指南"(见表 3.15)。表的内容给读者指明了在读书过程中可能遇到的种种情况，以及作者针对各种情况给读者的建议。表中列举了读者读书时可能遇到的 3 个问题，若读者的回答是肯定的，标以字母"Y"；若回答是否定的，标以字母"N"。3 个判定条件，其取值的组合共有 8 种情况。该表为读者提供了 4 条建议，但并不需要每种情况都施行。这里在要实施的建议的相应栏内标以"√"，其他建议的相应栏内什么也不标。

表 3.15　本书阅读指南

		1	2	3	4	5	6	7	8
问题	你觉得疲倦吗？	Y	Y	Y	Y	N	N	N	N
	你对内容感兴趣吗？	Y	Y	N	N	Y	Y	N	N
	书中的内容使你糊涂吗？	Y	N	Y	N	Y	N	Y	N
建议	请回到本章开头重读				√		√		
	继续读下去		√				√		
	跳到下一章去读							√	√
	停止阅读，请休息			√	√				

判定表通常由 4 个部分组成，如图 3.8 所示。

左上部分的条件桩：列出了问题的所有条件，通常认为列出条件的先后次序无关紧要。
左下部分的动作桩：列出了问题规定可能采取的操作，这些操作的排列顺序没有约束。
右上部分的条件项：针对条件桩给出的条件列出所有可能的取值组合。
右下部分的动作项：与条件项紧密相关，列出在条件项的各组取值情况下应该采取的动作。

图 3.8　判定表

任何一个条件组合的特定取值及其相应要执行的操作称为一条规则。在判定表中贯穿条件项和动作项的一列就是一条规则。显然，判定表中列出多少组条件取值，也就有多少条规则，即条件项和动作项有多少列。

根据软件需求规格说明，建立判定表的步骤如下。
(1) 确定规则的个数。假如有 n 个条件，每个条件有两个取值，故有 2^n 种规则。
(2) 分析需求规格中的输入条件和输出动作，列出所有的条件桩和动作桩。
(3) 列出条件之间的全组合，填入条件项。

(4) 列出条件组合下对应的动作,填入动作项,得到初始判定表。
(5) 化简初始判定表,合并相似规则(相同动作),得到化简后的判定表。

化简工作是以合并判定表的相似规则为目标。若表中有两条或多条规则具有相同的动作,并且它们的条件项存在高度相似性,则可设法合并。具体合并规则如图 3.9 所示,左边表示:两个格子的动作项都是第一个动作,且条件项中的第一个条件都为真,第二个条件都为假,在这种情况下,无论第三条件的取值是真值还是假值,都执行同一动作,就是说要执行的动作与第三条件的取值无关。这样,我们就可以将这两条规则合并,合并后的第三个条件取值用"—"表示,以说明与取值无关。

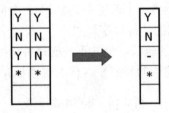

图 3.9 判定表合并规则

将初始判定表的 1 和 5 列合并、2 和 6 列合并、3 和 4 列合并、7 和 8 列合并,经过化简后的本书阅读指南的判定表如表 3.16 所示。

表 3.16 本书阅读指南化简后的判定表

		1	2	3	4
问题	你觉得疲倦吗?	—	—	Y	N
	你对内容感兴趣吗?	Y	Y	N	N
	书中的内容使你糊涂吗?	Y	N	—	—
建议	请回到本章开头重读	√			
	继续读下去		√		
	跳到下一章去读				√
	停止阅读,请休息			√	

根据每一列规则,可以得出对应的测试用例表,如表 3.17 所示。

表 3.17 本书阅读指南测试用例表

测试用例编号	输入数据	预期输出
1	对内容感兴趣,书中内容使你糊涂	请回到本章开头重读
2	对内容感兴趣,书中内容不会使你糊涂	继续读下去
3	你觉得疲倦,对内容不感兴趣	停止阅读,请休息
4	你不觉得疲倦,对内容不感兴趣	跳到下一章去读

每种测试方法都有适用的范围,判定表法适用于下列情况。
(1) 需求规格说明以判定表形式给出,或很容易转换成判定表。
(2) 多个输入条件的排列顺序不会也不应影响执行哪些操作。
(3) 规则的排列顺序不会也不应影响执行哪些操作。

(4) 每当某一规则的条件已经满足，并确定要执行的操作后，不必检验别的规则。
(5) 如果某一规则得到满足要执行多个操作，这些操作的执行顺序无关紧要。

判定表最突出的优点是，能够将复杂的问题按照各种可能的情况全部列举出来，简明并能避免遗漏。运用判定表设计测试用例，可以将条件理解为输入数据，将动作理解为预期输出。但是，当被测试特性的输入条件较多时，判定表规模会很庞大。

等价类划分法和边界值分析法都着重考虑输入条件字段，可能未充分考虑输入条件之间的联系、相互组合等。判定表法考虑输入条件的各种组合情况，不太考虑输入和输出条件间的相互制约关系。

3.2.5 因果图法

因果图法(cause-effect)是根据输入条件的组合、约束关系和输出条件的因果关系，分析输入条件的各种组合情况，从而设计测试用例的方法。因果图法一般和判定表结合使用，通过映射多个同时发生相互影响的输入来确定判定条件。因果图法最终生成的就是判定表，它适合于检查程序输入条件的各种组合情况。

在因果图中，用 C_i 表示原因，用 E_i 表示结果，因果图中的基本关系如图 3.10 所示。原因和结果的各结点可取值 "0" 或 "1"，"0" 表示某状态不出现，"1" 表示某状态出现。

图 3.10 因果图

因果图的原因和结果之间，存在的基本关系有恒等、非、或、与这几种，如图 3.11 所示。

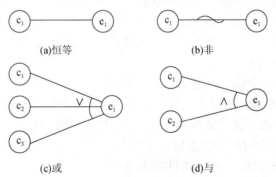

图 3.11 因果图的基本关系

恒等：若 c_1 为 1，则 e_1 也为 1，否则 e_1 为 0。
非：若 c_1 是 1，则 e_1 为 0，否则 e_1 是 1。
或：若 c_1 或 c_2 或 c_3 是 1，则 e_1 是 1，若三者都不为 1，则 e_1 为 0。
与：若 c_1 和 c_2 都是 1，则 e_1 为 1，否则若有其中一个不为 1，则 e_1 为 0。

实际问题中，输入状态之间可能存在某些依赖关系，这种依赖关系被称为"约束"。在因果图中使用特定的符号来表示这些约束关系：

E 约束(异)(见图 3.12)：a、b 最多有一个可能为 1，不能同时为 1。
I 约束(或)(见图 3.13)：a、b、c 中至少有一个必须为 1，不能同时为 0。
O 约束(唯一)(见图 3.14)：a 和 b 必须有一个且仅有一个为 1。

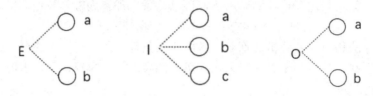

图 3.12　E 约束(异)　　　图 3.13　I 约束(或)　　　图 3.14　O 约束(唯一)

R 约束(要求)(见图 3.15)：a 是 1 时，b 必须是 1，即 a 为 1 时，b 不能为 0。
M 约束(屏蔽)(见图 3.16)：对输出条件的约束，若结果 a 为 1，则结果 b 必须为 0。

图 3.15　R 约束(要求)　　　图 3.16　M 约束(屏蔽)

用因果图生成测试用例的基本步骤如下。

(1) 分析软件需求规格说明描述，确定哪些是原因 (即输入条件或输入条件的等价类)，哪些是结果(即输出条件)，并为每个原因和结果赋予一个标识符。

(2) 分析软件需求规格说明描述中的语义，找出原因与结果之间、原因与原因之间对应的是什么关系。根据这些关系，画出因果图。

(3) 由于语法或环境限制，有些原因与原因之间、原因与结果之间的组合情况不可能出现。为表明这些特殊情况，在因果图上标注相应的约束或限制。

(4) 把因果图转换成判定表。

(5) 把判定表的每一列作为依据，设计出测试用例。

案例 1：某软件规格说明书包含这样的要求，第一列字符必须是 A 或 B，第二列字符必须是一个数字，在此情况下进行文件的修改，但如果第一列字符不正确，则显示信息 L，如果第二列字符不是数字，则显示信息 M。

(1) 根据需求规格说明，分析原因和结果如下。

原因：1——第一列字符是 A；2——第一列字符是 B；3——第二列字符是一个数字。
结果：21——修改文件；22——显示信息 L；23——显示信息 M。

(2) 所有原因结点列在左边，所有结果结点列在右边。设置 11 为中间结点，考虑到原因 1 和原因 2 不可能同时为 1，因此在因果图上施加 E 约束，如图 3.17 所示。

(3) 根据因果图建立判定表(见表 3.18)，3 个条件共有 8 种可能的组合。由于条件 1 和条件 2 互斥不能同时为 1，因此规则 1 和规则 2 不存在。观察规则 3 到规则 8，均不符合判定表化简规则。

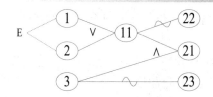

图 3.17 某软件因果图

表 3.18 判定表

		1	2	3	4	5	6	7	8
原因(条件桩)	1	1	1	1	1	0	0	0	0
	2	1	1	0	0	1	1	0	0
	3	1	0	1	0	1	0	1	0
	11			1	1	1	1	0	0
结果(动作桩)	22							√	√
	21			√		√			
	23				√		√		√

(4) 根据判定表的每一列规则,设计出测试用例表,如表 3.19 所示。

表 3.19 测试用例表

测试用例编号	输入数据	预期输出
1	A6	修改文件
2	Aa	显示信息 M
3	B9	修改文件
4	BP	显示信息 M
5	C5	显示信息 L
6	HY	显示信息 L 和 M

案例 2:有一个处理单价为 5 角钱的饮料自动售货机软件,其需求规格说明如下。

若投入 5 角钱或 1 元钱的硬币,按下"橙汁"或"啤酒"按钮,则相应的饮料被送出。若售货机没有零钱找,则"零钱找完"灯亮,此时再投入 1 元硬币并按下按钮后,饮料不送出来且 1 元硬币也退回;若有零钱找,则"零钱找完"灯灭,在送出饮料的同时退还 5 角硬币。请根据需求描述设计出该自动售货机软件的测试用例。

(1) 分析这一段需求规格说明,列出原因和结果。

原因:1——售货机有零钱找;2——投入 1 元硬币;3——投入 5 角硬币;4——按下"橙汁"按钮;5——按下"啤酒"按钮。

建立中间结点,表示处理中间状态:11——投入 1 元硬币且按下饮料按钮后应该要找 5 角钱,但是能不能找这 5 角钱又是由第 1 个原因售货机有零钱找决定的;12——按下"橙汁或"啤酒"按钮；13——应当找 5 角零钱并且售货机有零钱找，找这 5 角钱；14——钱已付清。

结果：21——售货机"零钱找完"灯亮；22——退还 1 元硬币；23——退还 5 角硬币；24——送出橙汁饮料；25——送出啤酒饮料；

(2) 画出因果图，如图 3.18 所示，所有原因结点列在左边，所有结果结点列在右边。

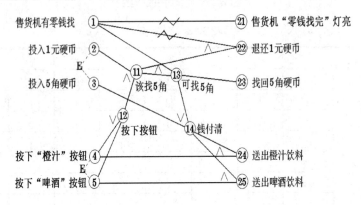

图 3.18 自动售货机因果图

(3) 分析因果图原因与结果之间的基本关系、原因与原因之间的约束关系，由于原因 2 与 3、原因 4 与 5 不能同时发生，因此分别加上约束条件 E。

(4) 将因果图转换成判定表，如表 3.20 所示。

表 3.20 自动售货机判定表

	序号	1	2	3	4	5	6	7	8	9	10	1	2	3	4	5	6	7	8	9	20	1	2	3	4	5	6	7	8	9	30	1	2
条	①	1	1	1	1	1	1	1	1	1	1	1	1	1	1	1	1	0	0	0	0	0	0	0	0	0	0	0	0	0	0	0	0
	②	1	1	1	1	1	1	1	1	0	0	0	0	0	0	0	0	1	1	1	1	1	1	1	1	0	0	0	0	0	0	0	0
	③	1	1	1	1	0	0	0	0	1	1	1	1	0	0	0	0	1	1	1	1	0	0	0	0	1	1	1	1	0	0	0	0
件	④	1	1	0	0	1	1	0	0	1	1	0	0	1	1	0	0	1	1	0	0	1	1	0	0	1	1	0	0	1	1	0	0
	⑤	1	0	1	0	1	0	1	0	1	0	1	0	1	0	1	0	1	0	1	0	1	0	1	0	1	0	1	0	1	0	1	0
中间结果	⑪					1	1	0						0	0	0										1	1	0				0	0
	⑫					1	1	0						1	1	0										1	1	0		1	1	0	
	⑬					1	1	0						0	0	0										0	0	0		0	0	0	
	⑭					1	1	0						1	1	1										0	0	0		1	1	1	
结果	㉑					0	0	0						0	0	0										1	1	1		1	1	1	
	㉒					0	0	1						0	0	0										1	1	1		0	0	0	
	㉓					1	1	0						0	0	1										0	0	0		0	0	0	
	㉔					1	0	0						1	0	0										0	0	0		1	0	0	
	㉕					0	1	0						0	1	0										0	0	0		0	1	0	

分析需求规格说明，由于原因 2 与原因 3、原因 4 与原因 5 不能同时发生，因此它们不能同时为 1，去除这类规则将其置灰。再观察第 16 列售货机有零钱找和第 32 列售货机没有零钱找的规则，没有做出投钱和选饮料的操作，因此也可以去除，最终剩余 16 条规则。

(5) 以化简后的判定表的每一列规则作为依据，设计出 16 个测试用例，如表 3.21 所示。

表 3.21　自动售货机测试用例表

测试用例编号	输入数据	预期输出
1	售货机有零钱找，投入 1 元，按下"橙汁"按钮	退还 5 角硬币，送出橙汁
2	售货机有零钱找，投入 1 元，按下"啤酒"按钮	退还 5 角硬币，送出啤酒
3	售货机有零钱找，投入 1 元，不按按钮	退还 1 元硬币
4	售货机有零钱找，投入 5 角，按下"橙汁"按钮	送出橙汁
5	售货机有零钱找，投入 5 角，按下"啤酒"按钮	送出啤酒
6	售货机有零钱找，投入 5 角，不按按钮	退还 5 角硬币
7	售货机有零钱找，不投钱，按下"橙汁"按钮	售货机无反应
8	售货机有零钱找，不投钱，按下"啤酒"按钮	售货机无反应
9	售货机无零钱找，投入 1 元，按下"橙汁"按钮	"零钱找完"灯亮，退还 1 元硬币
10	售货机无零钱找，投入 1 元，按下"啤酒"按钮	"零钱找完"灯亮，退还 1 元硬币
11	售货机无零钱找，投入 1 元，不按"橙汁"按钮	"零钱找完"灯亮，退还 1 元硬币
12	售货机无零钱找，投入 5 角，按下"橙汁"按钮	"零钱找完"灯亮，送出橙汁
13	售货机无零钱找，投入 5 角，按下"啤酒"按钮	"零钱找完"灯亮，送出啤酒
14	售货机无零钱找，投入 5 角，不按按钮	"零钱找完"灯亮，退还 5 角硬币
15	售货机无零钱找，不投钱，按下"橙汁"按钮	"零钱找完"灯亮，售货机无反应
16	售货机无零钱找，不投钱，按下"啤酒"按钮	"零钱找完"灯亮，售货机无反应

3.2.6　基于业务流的场景图法

等价类划分法和边界值分析法的目的在于有效控制输入数据的测试，有效控制测试用例的数量，且不损失测试的覆盖度。但对系统来说不能只考虑输入条件、哪些数据有高风险，还要考虑这些条件将以怎样的操作流程操作。

在功能测试中，需要面向数据开展测试，对单一条件字段的需求约束进行分析与测试，要对多条件字段相组合的情况进行分析与测试，除此之外，应该从全局把握整个业务流程，开展基于功能业务流程的测试。软件的操作流程一定是通过触发一个个事件来进行的，事件触发时的流程情景便形成了场景，同一事件不同的触发顺序及不同的处理结果形成事件流。场景用来描述测试用例流经的路径，从用例开始到结束遍历这条路径上所有基本流和备选流。将这种场景法的思想引入软件测试中，可以比较生动地描述事件触发时的情景，有利于测试设计者设计出较全面的测试用例，同时使测试用例更容易理解和执行。

场景图法一般包含基本流和备用流，从一个流程开始，通过描述经过的路径来确定过程，经过遍历所有的基本流和备用流来完成整个场景。通过运用场景来对系统的功能点或业务流程进行描述，从而提高测试效果。

基本流是从初始开始到终止态中最主要的业务流程，基本流只有一个。如图 3.19 所示的场景图中的基本流就是中间竖直这条线，考虑将最高风险的事件流和操作频率最高的事件流作为基本流。基本流一定是涉及重要功能、涉及用户类型广泛、涉及用户数量大、涉及交互复杂的高风险的事件流。通过运用场景来对系统的功能点或业务流程进行描述，能够提高测试效果。

备选流是备选事件流,它以基本流为基础,在基本流所经过的每个判定结点处,因满足不同的触发条件而产生的其他事件流。基本流是从初始到结束的完整业务流程,与基本流不同的是,备选流可能仅是整个业务流程中的一个执行片段。备选流的起始和终止结点可以有多种形式,一个备选流可能从基本流开始,在某个特定条件下执行,然后重新加入基本流中(如备选流 1 和 3);也可能起源于另一个备选流(如备选流 2),结束用例而不再重新加入某个流(如备选流 2 和 4)。

图 3.19　场景图

如图 3.19 所示的场景图中,有一个基本流和四个备选流,每个经过用例的可能路径,可以确定不同的用例场景。场景可以看作基本流和备选流的有序集合,一个场景中至少应该包含一个基本流。从基本流开始,再将基本流和备选流结合起来,可以确定以下用例场景:

场景 1:基本流。
场景 2:基本流 备选流 1。
场景 3:基本流 备选流 1 备选流 2。
场景 4:基本流 备选流 3。
场景 5:基本流 备选流 3 备选流 1。
场景 6:基本流 备选流 3 备选流 1 备选流 2。
场景 7:基本流 备选流 4。
场景 8:基本流 备选流 3 备选流 4。

从上面的实例可以了解,场景是如何利用基本流和备选流来确定的。基本流和备选流的区别如表 3.22 所示。基本流重要性高于备选流。基本流上的判定结点越多产生的备选流就越多。基本流初始结点的位置从系统初始状态开始,备选流可以从基本流或其他备选流触发。基本流终止结点的位置是系统默认终止处,备选流则在基本流或其他系统状态终止。基本流代表整个完整业务流程,而备选流仅是整个业务流程中的某个执行片段。基本流能构成场景,备选流需要和基本流共同构成场景。

表 3.22　基本流和备选流的区别

特性	基本流	备选流
测试重要性	重要	次要
数目	1 个	1 个或多个
初始结点位置	系统初始状态	基本流或其他备选流
终止结点位置	系统默认终止状态	基本流或系统其他终止状态
是否为完整的业务流程	是	否,仅为业务流程的执行片段
是否构成场景	是	否,需和基本流共同构成场景

下面我们分析 ATM 自动取款机系统的场景流程(见图 3.20)并设计出测试用例和测试数据。基本流与备选流如下。

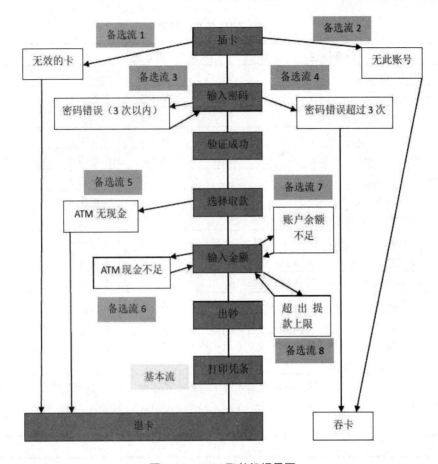

图 3.20 ATM 取款机场景图

(1) 插入磁卡。
(2) ATM 机验证账户正确。
(3) 输入密码正确，通过验证。
(4) 输入取款金额。
(5) 取出金额。
(6) 退卡。

备选流 1：卡无效。
备选流 2：账户不存在或受限制。
备选流 3：密码不正确(3 次内)，还有输入机会。
备选流 4：密码不正确(3 次以上)，没有输入机会。
备选流 5：ATM 无现金。
备选流 6：ATM 机中现金余额不足。
备选流 7：银行卡账户余额不足。
备选流 8：超过每日最大提款限额。

根据基本流和备选流得出场景表，如表 3.23 所示。

表 3.23 ATM 取款机场景表

场景描述	基本流	备选流
场景 1——成功的提款	基本流	
场景 2——卡无效	基本流	备选流 1
场景 3——账户不存在/账户受限	基本流	备选流 2
场景 4——密码不正确(3 次内)	基本流	备选流 3
场景 5——密码不正确(大于 3 次)	基本流	备选流 4
场景 6——ATM 无现金	基本流	备选流 5
场景 7——ATM 机中余额不足	基本流	备选流 6
场景 8——银行卡账户余额不足	基本流	备选流 7
场景 9——超过每日最大提款限额	基本流	备选流 8
场景 10——密码错误 3 次以内,但 ATM 无现金	基本流	备选流 3、备选流 5
场景 11——密码错误 3 次以内,但 ATM 现金不足	基本流	备选流 3、备选流 6
场景 12——密码错误 3 次以内,但银行卡账户余额不足	基本流	备选流 3、备选流 7
场景 13——密码错误 3 次以内,但超过当日提款限额	基本流	备选流 3、备选流 8
场景 14——密码错误 3 次以内,但 ATM 现金不足……重新输入,但银行卡账户余额不足	基本流	备选流 3、备选流 6、备选流 7
场景 15——密码错误 3 次以内,但 ATM 现金不足……重新输入超过提款限额	基本流	备选流 3、备选流 6、备选流 8
……	……	……
……	……	……

根据场景表,每个测试用例对应一个场景,整理出系统测试用例表(见表 3.24)。

表 3.24 ATM 取款机测试用例表

编号	场景/条件	密码	银行账号	输入金额	卡内金额	ATM 中余额	预期结果
1	场景 1:成功提款	4987	809…498	100	500	20000	成功提款
2	场景 2:卡无效	n/a	n/a	n/a	500	20000	退卡成功
3	场景 3:账户不存在/受限	n/a	809…497	n/a	500	20000	退卡成功
4	场景 4:密码不正确(3 次以内)	4985	809…498	n/a	500	20000	请重新输入密码
5	场景 5:密码不正确(3 次以上)	4985	809…498	n/a	500	20000	警告消息,吞卡
6	场景 6:ATM 无现金	4987	809…498	n/a	500	0	ATM 无现金,退卡成功
7	场景 7:ATM 机中余额不足	4987	809…498	400	500	300	ATM 余额不足,请重新输入金额

续表

编号	场景/条件	密码	银行账号	输入金额	卡内金额	ATM中余额	预期结果
8	场景8：卡中余额不足	4987	809…498	600	500	20000	卡中余额不足，请重新输入金额
9	场景9：超过每日最大提款限额10000元	4987	809…498	11000	500	20000	超过今日最大提款限额，请重新输入金额
10	场景10：密码错误3次以内，ATM无现金	4985/4987	809…498	500	500	0	请重新输入密码ATM无现金，退卡成功
11	场景11：密码错误3次以内，ATM现金不足	4985/4987	809…498	500	500	400	请重新输入密码ATM余额不足，请重新输入金额
12	场景12：密码错误3次以内，卡账户余额不足	4985/4987	809…498	500	400	20000	请重新输入密码卡中余额不足，请重新输入金额
13	场景13：密码错误3次以内，超过当日提款限额	4985/4987	809…498	11000	500	20000	请重新输入密码超过最大提款限额，请重输入金额
14	场景14：密码错误3次以内，ATM现金不足……重新输入，银行卡账户余额不足	4985/4987	809…498	400/300	100	300	请重新输入密码ATM余额不足，请重新输入金额，卡中余额不足
15	场景15：密码错误3次以内，ATM现金不足……重输超过当日提款限额	4985/4987	809…498	500/11000	500	400	请重新输入密码ATM余额不足，请重新输入金额，超过最大提款限额，请重输入金额
16	……	……	……	……	……	……	……

3.2.7 错误推测法

错误推测法是基于软件测试工程师个人经验和直觉推测程序中所有可能存在的各种错误，或者分析程序中最易出错的场景和情况，在此基础上有针对性地设计测试用例。

例如，对于登录功能的测试，输入的数据存在空格，是否能够正常登录；输入的密码是否能够以暗文加密显示；用户在账户注销之后是否能够再登录成功等。

对于系统中的时间控件范围，根据业务需求分析未来的日期是否可选，前后日期是否允许颠倒，服务器操作系统的时间改变会不会影响客户端系统中的时、分、秒时间等。

对于系统中的对话文本框窗口，输入特殊字符(全角、半角)、输入HTML字符、输入脚本语言函数等窗口是否能够正常显示；输入空格，是否能够过滤，是否会算入长度；空消息是否能发送等。

对于查询功能，是否支持模糊查询、有条件查询的关键字之间是否可用连接符、是否支持空格、是否支持各类字符等。

对于删除功能，未选择记录，点击删除，是否提示信息"请选择记录"；删除记录是否有权限，有权限删除时，是否弹框提示"确定"或"取消"按钮；成功删除记录后提示"删除成功"，取消删除后数据应该不被删除；删除成功后，数据记录应不再显示，且数据列表应该自动刷新；特别注意当系统中某个数据有依赖关联信息，系统将不能删除数据或提示"该记录下有……，您是否确定删除"；删除成功的数据，再次添加相同数据，应可成功添加等。

对于翻页功能，有无数据时控件的显示是否合理；首页时，首页和上一页按钮是否能点击；尾页时，下一页和尾页按钮是否能点击；在非首页和非尾页时，四个按钮功能是否正确；翻页后，列表中的记录是否仍按照指定的序列进行了排序；总页数是否等于总记录数除以指定每页数据条数，当前页数是否正确；是否能正常跳转到指定的页数，输入的跳转页数非法时如何处理等。

对于导入功能，导入模板的内容是否与软件系统中的字段一致，模板中是否有必填项、字段长度等限制；导入时格式不匹配的校验，提示信息是否准确；唯一性约束下，导入两条相同数据是否提示重复导入；批量导入时，对数据容量上限的验证、个数的验证等。

对于导出功能，导出数据的表头、图标是否显示正确；导出文件名的显示有没有按规则和被赋予实际意义；导出后格式和信息的验证，是否缺少字段等。

错误推测法能充分发挥个人的经验和潜能，测试命中率高。但是，其过多地依赖个人的经验，测试覆盖率难以保证。在实际的测试过程中，要将几种测试方法结合使用。

知 识 自 测

实 践 课 堂

任务一：白盒测试技术——逻辑覆盖法

分析以下 C 语言程序，请用语句覆盖法、判定覆盖法、条件覆盖法、判定/条件覆盖法、条件组合覆盖法这 5 种逻辑覆盖法分别设计出测试用例。

```
#include <stdio.h>
    int logicExample(int x,int y)
{
                int magic=0;
    if(x>0&&y>0)
```

```
            magic=x + y + 10;    //语句1
        else
            magic=x + y - 10;    //语句2
        if(magic < 0)
            magic=0;                //语句3
        printf("magic 的值为：%d\n",magic);
}
    int main( )
    {
        int x,y,z;
        printf("请输入 x 和 y 的值：\n");
        scanf("%d%d",&x,&y);
        z = logicExample(x,y);
    }
```

(1) 请分析程序，画出该程序的流程图并在流程图中标注出语句、判定及路径。

(2) 请分别使用语句覆盖法、判定覆盖法、条件覆盖法、判定/条件覆盖法、条件组合覆盖法这 5 种逻辑覆盖法，分别设计出程序的测试用例表。

任务二：白盒测试技术——基本路径法

分析以下 C 语言程序，请使用基本路径法设计出测试用例。

```
#include <stdio.h>
int sort(int iRecordNum,int iType);
int main()
    {
    int iRecordNum,iType,z;
    printf("请输入 iRecordNum 和 iType 的值：\n");
    scanf("%d%d",&iRecordNum,&iType);
    z=sort(iRecordNum,iType);
```

```
}
int sort(int iRecordNum,int iType)
{
   int m=0,n=0,k=0;
while(iRecordNum>0)
{
   if(iType<5)
 {
    m++; break;
 }
  else if(iType<8)
    n++;
  else
    k++;
    iRecordNum--;
}
printf("m,n,k 的值为：%d,%d,%d\n",m,n,k);
}
```

(1) 请标注出程序中的行号，并画出该程序的控制流图。

(2) 请分别使用 3 种方法计算出该程序的圈复杂度。

V(G)=

V(G)=

V(G)=

(3) 使用标注出的行号整理出该程序的基本路径。

(4) 根据整理出的基本路径数量,分别设计出程序的测试用例表。

任务三:黑盒测试技术——等价类划分法及边界值分析法

某商家为购置不一样数量的商品的顾客报出不一样的价格,其报价规则如表 3.25 所示。

表 3.25　不同数量商品对应的单价

购买数量	单价(单位:元)
头 10 件(第 1 件到第 10 件)	30
第二个 10 件(第 11 件到第 20 件)	27
第三个 10 件(第 21 件到第 30 件)	25
超过 30 件	22

若购买 11 件商品需要支付 10×30+1×27=327 元,购买 35 件商品需要支付 10×30+10×27+10×25+5×22=930 元。目前该商家研发了一种软件,输入商品数量为 C(1≤C≤100),软件自动计算输出顾客应该支付的价格 P。

思考若要测试这个软件:(1)采用等价类划分法为该软件设计测试用例(不考虑 C 为非整数的情况);(2)采用边界值分析法为该软件设计测试用例(不考虑健壮性测试,不考虑 C 不在 1 到 100 之间或者是非整数的状况);(3)列举除了等价类划分法、边界值分析法以外的三种常见的黑盒测试用例设计方法。(2023 年下半年软件评测师考试真题)

任务四:黑盒测试技术——因果图法

交通一卡通自动充值软件的需求规格说明如下。

系统只接收 50 元和 100 元的纸币,一次只能使用一张纸币,一次充值金额只能为 50 元或 100 元。

若输入 50 元纸币,并选择充值 50 元,完成充值后退卡,提示充值成功。
若输入 50 元纸币,并选择充值 100 元,提示输入金额不足,并退回 50 元。
若输入 100 元纸币,并选择充值 50 元,完成充值后退卡,提示充值成功,找零 50 元。
若输入 100 元纸币,并选择充值 100 元,完成充值后退卡,提示充值成功。
若输入纸币后在规定时间内不选择充值按钮,退回输入的纸币,并提示错误。
若选择充值按钮后不输入纸币,提示错误。
请根据软件需求规格说明,按照步骤,运用因果图法进行测试用例的设计。

(1) 分析软件需求规格说明,得出原因和结果,并画出因果图。

(2) 根据因果图得出判定表。

(3) 根据分析后的判定表,得出测试用例。

学生自评及教师评价

学生自评表

序 号	课堂指标点	佐 证	达 标	未达标
1	白盒测试技术	阐述白盒测试技术的概念和特点		
2	逻辑覆盖法	能够运用逻辑覆盖法设计白盒测试用例		
3	基本路径法	能够运用基本路径法设计白盒测试用例		
4	黑盒测试技术	阐述黑盒测试技术的概念和原理		
5	等价类划分法	能够运用等价类划分法设计黑盒测试用例		
6	边界值分析法	能够运用边界值分析法设计黑盒测试用例		
7	判定表法	能够运用判定表法设计黑盒测试用例		
8	因果图法	能够运用因果图法设计黑盒测试用例		
9	场景图法	能够运用场景图法设计黑盒测试用例		
10	职业素养水平	逻辑辩证、客观、多角度全面地看待问题		
11	工匠精神	分析和处理问题时具备细心、耐心和责任心		

教师评价表

序 号	课堂指标点	佐 证	达 标	未达标
1	白盒测试技术	阐述白盒测试技术的概念和特点		
2	逻辑覆盖法	能够运用逻辑覆盖法设计白盒测试用例		
3	基本路径法	能够运用基本路径法设计白盒测试用例		
4	黑盒测试技术	阐述黑盒测试技术的概念和原理		
5	等价类划分法	能够运用等价类划分法设计黑盒测试用例		
6	边界值分析法	能够运用边界值分析法设计黑盒测试用例		
7	判定表法	能够运用判定表法设计黑盒测试用例		
8	因果图法	能够运用因果图法设计黑盒测试用例		
9	场景图法	能够运用场景图法设计黑盒测试用例		
10	职业素养水平	逻辑辩证、客观、多角度全面地看待问题		
11	工匠精神	分析和处理问题时具备细心、耐心和责任心		

模块 4

提取测试需求

教学目标

知识目标

◎ 掌握需求调研的定义和目的。
◎ 掌握软件需求的定义。
◎ 掌握软件需求的分类。
◎ 理解软件需求的优先级。
◎ 了解软件需求评审。

能力目标

◎ 能够应用需求调研方法开展需求调研。
◎ 具备有效分析并提取出测试需求的能力。
◎ 能够使用禅道项目管理工具编制软件测试需求。

素养目标

◎ 培养学生的客户服务意识。
◎ 培养学生遵循软件测试行业标准规范。
◎ 培养学生团队协作及沟通表达的能力。

知识导图

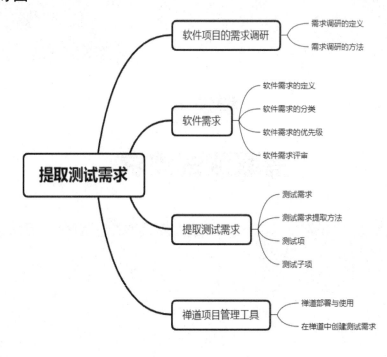

知识准备

4.1 软件项目的需求调研

软件测试需求
(微课)

4.1.1 需求调研的定义

需求是用户期望改善现状,解决某些问题或达到某种目标的需要。需求实现过程就是通过软件产品的功能达成用户目标,使之与用户期望目标相符的过程。

需求调研指通过和用户的沟通和交流,获取用户需求的一系列活动,是为编写需求说明书而做的前期工作。换言之,需求调研就是假设用户已经掌握需求,通过某些手段或方法将需求准确、完整的描述出来,以便软件开发的后续活动顺利进行。

需求调研有以下三个主要目的:

(1) 获取准确、清晰、完整的需求,包括软件项目的功能需求和非功能需求;

(2) 确定需求的分级,划分需求优先级,指导后续工作;

(3) 收集调研对象业务资料,预测需求的发展趋势,为软件产品发展方向提供依据。

4.1.2 需求调研的方法

软件项目的需求调研方法一般有实地观察法、面谈法、问卷调查法、查阅资料法等。

1. 实地观察法

实地观察法是指直接到访客户单位,在调研对象旁边对他的具体工作业务进行观察,参观调研对象的工作流程，观察调研对象的操作，对观察收集到的信息进行整理和分析后，出具需求规格说明书。

2. 面谈法

面谈法是指与调研对象进行面对面交谈，由调研对象描述业务信息和需求信息，调研人员向调研对象提出事先准备好的问题，并记录访谈过程。对访谈过程记录进行整理和分析后出具需求规格说明书。

3. 问卷调查法

问卷调查法是指调研人员根据调研内容将相关问题制成问卷表格，向调研对象发放调研问卷，调研对象根据实际业务填写问卷表格，调研人员按时回收问卷表格，调研人员对收集到的调研问卷进行整理和分析，获取需求，出具需求规格说明书。

4. 查阅资料法

查阅资料法是指收集调研对象在调研范围内相关的规章制度、规范指南、工作过程产出等书面资料，并对收集到的资料进行整理和分析以获取需求。

对于需求调研来说，访问调查宜采用面谈法，并且使用非标准化的方式，这样便于发挥和沟通，通过调研过程的互动，可以激发调研对象积极性，收获调研实施前遗漏的需求。问卷调查法是标准化调查，可作为一种辅助手段，对于较为复杂的信息系统调研，不建议将问卷调查作为唯一调研方法。实地观察法和查阅资料法，是由调研人员主动实施的调研方法，依赖于调研人员的主观判断，有一定局限性，可作为一种辅助手段。

几种常用调研方法比较如表 4.1 所示。

表 4.1 常用调研方法比较

调研方法	调研周期	调研成本	人员要求	调研效果
实地观察法	长	次高	次高	中
面谈法	次长	高	低	优
问卷调查法	中	中	中	良
查阅资料法	短	低	高	差

4.2 软件需求

4.2.1 软件需求的定义

在 IEEE 中，软件需求的定义是：用户解决问题或达到目标所需的条件或功能。一般包含业务需求、用户需求、功能需求、行业隐含需求和一些非功能性需求。业务需求反映了客户对系统、产品高层次的目标要求。功能需求定义了开发人员必须实现的软件功能。非功能性需求，是指为满足用户业务需求而必须具有除功能需求以外的特性。

软件需求通常由软件项目组中的产品人员挖掘和定义，可以通过 Axure RP 原型设计工具画出软件产品的原型图，同时，还需要形成一份正式的软件需求规格说明书文档。

4.2.2 软件需求的分类

软件需求包括不同的层次——业务需求、用户需求、功能及非功能性需求。

业务指的是客户现在从事的"工作"。业务需求反映了组织机构或客户对系统、产品高层次的目标要求。例如,部门管理岗位,在采购流程上设置审批流程,强化对生产成本的过程监控。业务设计主要是对客户的工作现状按照未来的信息化标准要求进行梳理、优化和完善,例如,物资采购流程的优化设计、组织管理结构的扁平化设计、成本过程管理设计等。把"需求"放在"业务"的背景中去思考和设计,才能做出优秀、实用、客户价值高的系统功能。

用户需求的获取是软件开发过程中一个关键的步骤,通常需要与最终用户进行深入的交流和调研,了解他们的实际需求和期望,然后对这些需求进行分析、整理和确认。用户需求的分析和整理通常采用各种工具和技术,比如原型设计、场景分析、需求规格说明书等,以确保最终开发出的软件系统能够满足用户的实际需求。用户需求的分析和确认在整个软件开发过程中具有重要的作用,它不仅可以确保软件系统的开发符合用户的实际需求,还可以在开发过程中避免一些潜在的风险和问题。

功能需求定义了开发人员必须实现的软件功能,从而使用户能完成他们的任务,满足业务需求。特性是指逻辑上相关的功能需求的集合,给用户提供处理能力并满足业务需求,属于软件需求规格说明书的一部分。

非功能性需求是指软件系统必须满足的非功能性要求,比如安全性、性能、可靠性、易用性、可维护性等。这些要求通常是用户或其他利益相关者提出的,但与具体的软件系统功能无关,是指明软件开发目标的辅助要求。非功能性需求不是系统必须实现的功能,而是要求系统在某些方面表现良好。

除了来源于软件项目团队所分析的软件项目需求,软件项目还有一些必须遵循的国家质量标准。国家质量标准是指国家对产品的结构、规格、质量、检验方法所作的技术规定。我国的标准体系由国家标准、行业标准、地方标准和企业标准等构成。截至2020年6月,软件与系统工程领域国家标准已发布122项,在研18项。与软件工程质量与测试相关的一些国家标准,如表4.2所示。

表4.2 软件工程质量与测试相关的国家质量标准

1	GB/T15532—2008	计算机软件测试规范
2	GB/T16260—2006	软件工程 产品质量
3	GB/T9385—2008	计算机软件需求规格说明规范
4	GB/T18905—2002	软件工程 产品评价
5	GB/T8567—2006	计算机软件文档编制规范
6	GB/T25000.1—2010	软件质量要求与评价(SQuaRE)指南
7	GB/T25000.10—2016	软件质量要求与评价(SQuaRE)第10部分:系统与软件质量模型
8	GB/T25000.51—2016	软件质量要求与评价(SQuaRE)第51部分:商业(COTS)软件产品的质量要求与评测细则
9	GB/T25000.62—2014	软件质量要求与评价(SQuaRE)易用性测试报告行业通用格式(CIF)

4.2.3 软件需求的优先级

软件需求的优先级是设计软件产品的依据之一,软件需求的优先级通常是根据项目的具体要求和实际情况来确定的,下面是一些常见的软件需求优先级。

(1) 高可靠。系统的稳定性、可靠性和安全性是至关重要的,因此高可靠性是软件需求的首要任务,处于最高优先级。

(2) 用户需求。用户的需求是软件开发的核心,用户最大的痛点及使用频率最高的功能,要优先分析与设计。

(3) 易用性。软件应该易于使用,产品早期的基础体验一定要做好。

(4) 可扩展性。软件应该能够适应未来的发展需求,例如,添加新功能或扩展到新的平台或设备上,在需求分析与设计时要考虑到环境因素及未来应用场景。

(5) 可定制性。软件应该能够满足用户的个性化需求,这部分需求应逐步实现。

(6) 可集成性。软件应该能够与其他系统或设备进行集成,以实现数据的共享和系统的互操作性,这类需求也要尽早考虑到。

(7) 可维护性。软件应易于维护和更新,以保持其性能和稳定性。

除了基本功能外,需要挖掘的核心需求是一些特殊的、令人眼前一亮的功能,可以营造愉悦的客户体验,来提高产品竞争力。如果,某些功能的存在与否,不会对客户产生任何影响,那么,这些需求的优先级可以降低。需求优先级划分也并不是绝对的,这些因素可能会因为项目需求和实际项目的推进情况而发生变化。因此,在确定软件需求的优先级时,需要根据实际情况进行综合考虑和分析。

4.2.4 软件需求评审

软件需求评审,是在产品规划完成之后,由产品部门、开发部门和测试部门针对软件需求和设计方案进行的双向沟通会议,目的是让参会人员了解到自己所负责的内容,确认需求方案的可行性,并解决疑问。若方案通过,则按方案进入技术评审和开发阶段。若方案不通过,则根据商议讨论意见进行改进调整。

需求评审会议前,团队应提前拿到项目需求相关的资料,对于可能存在的问题,先提前思考想要确认的东西是什么,思考完之后,再带着问题提前与相关负责人进行沟通,确认自己方案的可行性。

需求评审会议中,需求人员要注意讲解的流程,讲清楚需求背景,目的是让参与人员了解这个需求是怎么产生的;讲清楚该项目产品的需求方案能怎样去解决问题;明确讨论出要完成的产品功能是什么,让每个人清楚自己要做的内容,基本确定相关人员的分工。另外,还要注意讲解业务流程,让参与人员了解涉及改动的模块,判断是否会牵一发而动全身。在展示原型时,重点阐述核心功能,对一些简单的小功能,简要描述。最后,说明内容的预计交付时间。在会议中的任何环节,团队之间都可以沟通协作,交流疑惑,最终确保团队在目标上达成一致。

需求评审会议后,需求人员要整理并发送会议记录给参会人员;根据参与人员提出的可行性建议发送修改后的方案;调整好产品原型、流程图和软件需求规格说明书。测试人员在此阶段结束后,应明确测试范围(测什么)、测试需求和测试计划,制订测试方案。

4.3 提取测试需求

4.3.1 测试需求

测试需求主要解决"测什么"的问题,即指明被测对象中什么需要测试。测试需求通常是以软件需求为基础进行分析,通过对需求的细分化和分解,形成可测试的内容,应全面覆盖已定义的业务流程,以及功能和非功能方面的要求。制订的测试需求项必须是可核实的,它们必须有一个可观察、可评测的结果,无法核实的需求不是测试需求。测试需求应指明满足需求的正常前置条件,同时也要指明不满足需求时的出错条件。

4.3.2 测试需求的提取方法

测试需求的提取是将软件需求中的那些具有可测试性的需求或特性作为测试要点提取出来。一般,我们可以通过列表的形式对软件需求进行梳理,形成原始需求列表,列表内容包括需求标识、原始需求描述、测试要点。将每一条软件需求对应的开发文档及章节号作为软件需求标识。将软件需求的简述作为原始测试需求描述。最后,详细分析、提取测试项并记录测试要点。测试需求的分析提取过程如图 4.1 所示。

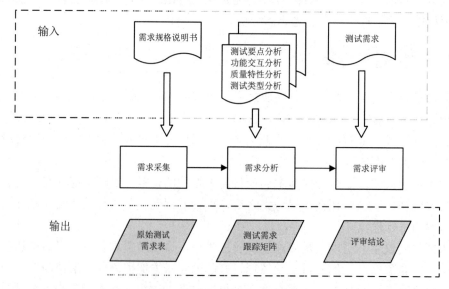

图 4.1 测试需求的分析提取过程

4.3.3 测试项

测试团队从软件需求规格说明书获取原始测试需求后,测试工程师即可进行测试项分析及确定。测试项分析可以参考的工程方法包括测试要点分析、功能交互分析、质量特性分析、测试类型分析和用户场景分析等。每个工程方法都需独立地输出初始测试项形成测试需求跟踪矩阵，也就是说初始测试项是从不同测试角度进行分析输出的结果，分析出的测试需求同样应该在测试团队内部进行评审确定后再进行下一步工作。

(1) 测试要点分析。该测试分析是对原始需求的每一项的细化和分解，形成可测试的分层描述的测试要点。通过分析每条原始需求描述中的输入、输出、处理、限制、约束等，给出对应的验证内容。培训信息原始需求的测试要点分析如表 4.3 所示。

表 4.3　培训信息原始需求的测试要点分析

原始需求描述	标识	测试要点
一条完整的培训信息包括培训的主题、证书、内容、起止时间、费用、地点、机构，其中培训的主题、内容、起止时间、费用、机构为必填项。培训的起始时间不能晚于截止时间，培训费用精确到元角分。每一个输入项的数据规格应遵循数据字典的要求	1	输入符合字典要求的各信息后执行保存，检查保存是否成功
	2	检查每个输入项的数据长度是否遵循数据字典的要求
	3	检查每个输入项的数据类型是否遵循数据字典的要求
	4	检查"培训费用"是否满足规定的精度要求
	5	检查在培训的起止时间早晚于截止时间时，所增加的记录是否保存成功
	6	检查"培训主题""培训内容""起止时间""培训费用""培训机构"是否为必填项
	7	验证系统对数据重复的检查
	8	针对页面中的文字、表单、图片、表格等元素，检查每个页面各元素的位置是否协调，各元素的颜色是否协调，各元素的大小比例是否协调
	9	检查页面信息内容显示是否完整
	10	检查是否有功能标识，功能标识是否准确、清晰
	11	检查最大化、最小化、还原、切换、移动窗口时是否能正常显示

(2) 功能交互分析。软件功能不是独立的，功能之间存在交互、顺序执行等影响因素，这就是功能交互分析的角度。将被测功能和软件其他相关功能进行交互分析，根据影响点可以得出初始测试项。被测功能代指原始测试项或一组有逻辑关系的原始测试项集合，软件其他相关功能包括所有需要进行交互分析的新增和继承功能特性。通过分析功能间的相互影响，能非常有效地提升测试完备性。通过分析各个功能模块之间的业务顺序和各个功能模块之间传递的信息和数据，对存在功能交互的功能项，给出对应的验证内容。

(3) 质量特性分析。软件质量从功能性、可靠性、效率、易用性、可维护性、可移植性等角度来衡量，其中每个质量特性又可分为若干子特性角度。在测试分析设计活动中考虑质量特性分析，能够使测试分析设计人员尽可能从多个方面和角度进行测试分析，能非常有效地提升测试完备性。培训信息的原始需求分析部分质量特性如表 4.4 和表 4.5 所示。

(4) 测试类型分析。不同的质量子特性可以确定出不同的测试内容，这些测试内容可以通过不同的测试类型来实施。软件测试可以划分为功能测试、安全性测试、接口测试、容量测试、完整性测试、结构测试、用户界面测试、负载测试、压力测试、疲劳强度测试、恢复性测试、配置测试、安装性测试和兼容性测试等测试类型。根据质量子特性的定义，以及各测试类型的测试内容，可以分析出质量子特性与测试类型的对应关系，如表 4.6 所示。

表4.4 培训信息的质量特性分析-功能性

质量特性对应表			
原始需求描述	标识	测试要点	质量特性
一条完整的培训信息包括培训的主题、证书、内容、起止时间、费用、地点、机构，其中培训的主题、内容、起止时间、费用、机构为必填项。培训的起始时间不能晚于截止时间，培训费用精确到元角分。每一个输入项的数据规格应遵循数据字典的要求	1	输入符合字典要求的各信息后执行保存，检查保存是否成功	功能性/适合性
	2	检查每个输入项的数据长度是否遵循数据字典的要求	功能性/适合性、可靠性/容错性
	3	检查每个输入项的数据类型是否遵循数据字典的要求	功能性/适合性、可靠性/容错性
	4	检查"培训费用"是否满足规定的精度要求	功能性/准确性
	5	检查在培训的起止时间早晚于截止时间时，所增加的记录是否保存成功	功能性/适合性
	6	检查"培训主题""培训内容""起止时间""培训费用""培训机构"是否为必填项	功能性/适合性

表4.5 培训信息的质量特性分析-易用性

质量特性对应表			
原始需求描述	标识	测试要点	质量特性
一条完整的培训信息包括培训的主题、证书、内容、起止时间、费用、地点、机构，其中培训的主题、内容、起止时间、费用、机构为必填项。培训的起始时间不能晚于截止时间，培训费用精确到元角分。每一个输入项的数据规格应遵循数据字典的要求	7	验证系统对数据重复的检查功能	功能性/适合性
	8	针对页面中的文字、表单、图片、表格等元素，检查每个页面各元素的位置是否协调，各元素的颜色是否协调，各元素的大小比例是否协调	易用性/易操作性
	9	检查页面信息内容显示是否完整	易用性/易操作性、易理解性
	10	检查是否有功能标识，功能标识是否准确、清晰	易用性/易理解性
	11	检查最大化、最小化、还原、切换、移动窗口时是否能正常地显示	易用性/易操作性

表 4.6 质量子特性和测试类型的对应关系基准表

质量特性分类	质量子特性分类测试内容	对应关系	测试类型
功能性	适合性方面 准确性方面 互操作性方面 安全保密性方面 功能性依从方面		功能测试 安全性测试 接口测试
可靠性	成熟性方面 容错性方面 易恢复性方面 可靠性依从方面		容量测试 完整性测试
易用性	易理解性方面 易学性方面 易操作性方面 吸引性方面 易用性依从方面		结构测试 用户界面测试
效率	时间特性方面 资源利用方面 效率依从性方面		负载测试 压力测试
维护性	易分析性方面 易改变性方面 稳定性方面 易测试性方面 维护性依从方面		疲劳强度测试 恢复性测试
可移植性	适应性方面 易安装性方面 共存性方面 易替换性方面 可移植性依从方面		配置测试 安装性测试 兼容性测试

以培训信息的原始需求分析测试要点、质量特性确定的测试类型如表 4.7 和表 4.8 所示。

表 4.7 培训信息的测试类型分析 1

质量特性对应表				
原始需求描述	标识	测试要点	质量特性	测试类型
一条完整的培训信息包括培训的主题、证书、内容、起止时间、费用、地点、机构，其中培训的主题、内容、起止时间、费用、机构为必填项。培训的起始时间不能晚于截止时间，培训费用精确到元角分。每一个输入项的数据规格应遵循数据字典的要求	1	输入符合字典要求的各信息后执行保存，检查保存是否成功	功能性/适合性	功能测试
	2	检查每个输入项的数据长度是否遵循数据字典的要求	功能性/适合性、可靠性/容错性	功能测试、完整性测试
	3	检查每个输入项的数据类型是否遵循数据字典的要求	功能性/适合性、可靠性/容错性	功能测试、完整性测试
	4	检查"培训费用"是否满足规定的精度要求	功能性/准确性	功能测试
	5	检查在培训的起止时间早于截止时间时，所增加的记录是否保存成功	功能性/适合性	功能测试
	6	检查"培训主题""培训内容""起止时间""培训费用""培训机构"是否为必填项	功能性/适合性	功能测试

表 4.8 培训信息的测试类型分析 2

质量特性对应表				
原始需求描述	标识	测试要点	质量特性	测试类型
一条完整的培训信息包括培训的主题、证书、内容、起止时间、费用、地点、机构,其中培训的主题、内容、起止时间、费用、机构为必填项。培训的起始时间不能晚于截止时间,培训费用精确到元角分。每一个输入项的数据规格应遵循数据字典的要求	7	验证系统对数据重复的检查功能	功能性/适合性	功能测试
	8	针对页面中的文字、表单、图片、表格等元素,检查每个页面各元素的位置是否协调,各元素的颜色是否协调,各元素的大小比例是否协调	易用性/易操作性	用户界面测试
	9	检查页面信息内容显示是否完整	易用性/易操作性、易理解性	用户界面测试
	10	检查是否有功能标识,功能标识是否准确、清晰	易用性/易理解性	用户界面测试、功能测试
	11	检查最大化、最小化、还原、切换、移动窗口时是否能正常的显示	易用性/易操作性	用户界面测试

(5) 用户场景分析。从用户角度出发(注意这里的用户是泛指)关注每个用户如何使用和影响被测功能特性,更能注意到用户的真实需求意愿。确定后的测试项与原始测试需求一样,可以利用需求管理工具进行管理。

4.3.4 测试子项

测试子项分析活动是针对测试项的进一步分析、细化,形成测试子项的活动过程。测试子项分析主要是对测试项进行细化处理。对测试项的处理存在以下两种原则。

(1) 对粒度小的测试项不处理,直接进行测试用例设计。
(2) 对粒度大的测试项进一步细化,形成测试子项,然后对测试子项进行用例设计。

以"大理农文旅电商系统"为例,假设测试经理从配置管理人员处获取该系统的相关文档,如"大理农文旅电商系统"的需求规格说明书、系统概要设计文档、系统详细设计文档,以及开发同事提供的功能列表(Function List)、检查列表(Check List),那么测试工程师就需要根据这些文档去熟悉系统,画出系统的功能结构图、业务流程图等,从而清晰地了解系统的功能架构。需要说明的是,有时候公司在实际项目生产过程中可能受到范围(Scope)、时间(Time)、成本(Cost)及风险(Risk)四个因素的影响,导致项目流程不规范、文档不齐备的情况。使用 XMind 工具绘制出"大理农文旅电商系统前台"和"大理农文旅电商系统后台管理"的基本功能结构图,如图 4.2 和图 4.3 所示。

从图 4.3 得知系统的整体功能结构状况,极大地方便了测试需求的提取。如果项目开发比较正规,那么该项目的用户需求规格说明书都会给出系统的整个功能结构图。测试工程师可以根据这个功能结构图来组织测试。如果没有,就需要自己分析并画出。

以"大理农文旅电商系统"后台管理系统的用户管理模块中的新增用户功能的需求分

析为例,可得到测试需求,如表4.9所示。

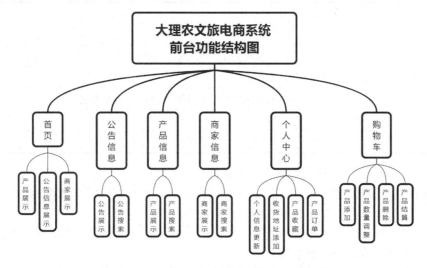

图 4.2 "大理农文旅电商系统前台"功能结构图

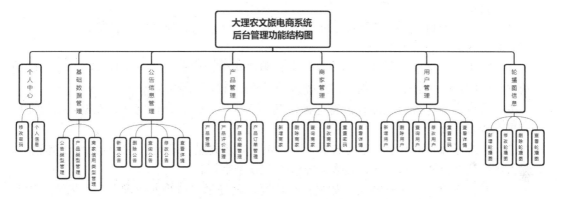

图 4.3 "大理农文旅电商系统后台管理"功能结构图

表 4.9 新增用户功能输入参数

参数名	参数属性	属性含义
账户名	参数类型	字符串
	参数描述	用户编号,唯一性标识,不能为空
	参数约束	长度限制为最长为 100 字符
用户姓名	参数类型	字符串
	参数约束	长度限制为最长为 100 个字符,不能为空
用户手机号	参数类型	字符串
	参数约束	长度限制为 11 个字符,不能为空
用户身份证号	参数类型	字符串
	参数约束	长度限制为 18 个字符,不能为空
用户头像	参数类型	图像
	参数约束	通过鼠标单击选择上传,只能为图片格式,小于 40KB

续表

参数名	参数属性	属性含义
性别	参数类型	字符串
	参数约束	下拉框显示性别分类，必须选择分类，不能为空
电子邮箱	参数类型	字符串
	参数约束	长度限制最长为 100 个字符，不能为空
余额	参数类型	数值
	参数约束	长度限制最长为 100 个字符，不能为空

新增用户功能的字段判定及提示信息如下。

(1) 对用户的账号进行校验。如果用户没有输入，则提示"请输入账号"。如果账号重复，提示"账号已存在"。此输入域最多只能输入 100 个字符。

(2) 对用户姓名的合法性进行校验。如果用户姓名为空，则提示"请输入用户姓名"。此输入域最多只能输入 100 个字符。

(3) 对用户手机号进行校验。如果没有输入手机号，则提示"请输入用户手机号"。此输入域只能输入 11 个字符。

(4) 对用户身份证号进行校验。如果没有输入身份证号，则提示"请输入用户身份证号"。此输入域只能输入 18 个字符。

(5) 对用户头像进行校验。如果没有上传用户头像，则显示"无图片"三个字。界面应给出头像图片大小和格式的约束，此输入域只能选择图片格式上传。

(6) 对性别进行校验。如果没有选择性别，则提示"请选择性别"。此输入域只能选择"男"或者"女"。

(7) 对电子邮箱的合法性进行校验。如果电子邮箱为空，则提示"请输入电子邮箱"。此输入域格式要符合邮箱格式，最多只能输入 100 个字符。

(8) 对余额输入域进行校验。如果没有填写，则提示"请输入余额"。如果输入的不是数字和小数点，或不是正确格式的货币数，则提示"请输入正确的余额"。

用户正确输入字段数据后，能够通过"用户查询"功能，查看到新增的用户信息，其内容与录入的数据一致。

下面以用户管理模块的用户添加功能为例，进行测试需求分析、测试项和测试子项的提取，如表 4.10 和表 4.11 所示。

表 4.10 测试需求分析

需求项	需求编号	输入	输入约束	输出
编辑个人信息	ACT_ADDUser_01	1. 账号，文本框	1. 唯一 2. 长度 1～100 字符 3. 必填	1. 提示"添加成功" 2. 通过"用户查询"功能可以查询到添加的用户，显示数据与添加数据一致
		2. 用户姓名，文本框	1. 长度 1～100 字符 2. 必填	
		3. 用户手机号，文本框	1. 长度 11 字符 2. 数字 3. 必填	

续表

需求项	需求编号	输入	输入约束	输出
编辑个人信息	ACT_ADDUser_01	4. 用户身份证号,文本框	1. 长度18字符 2. 唯一 3. 必填	
		5. 用户头像,上传	1. 只能上传图片类格式 2. 小于40KB	
		6. 性别,下拉框	1. 只能选择 2. 必填	
		7. 电子邮箱,文本框	1. 长度1~100字符 2. 含@符号	
		8. 余额,文本框	1. 数字 2. 最多两位小数	

表4.11 测试项和测试子项

需求编号	测试项编号	测试项描述	测试子项编号	测试子项描述
ACT_ADDUser_01	ACT_ADDUser_01_T01	账号	ACT_ADDUser_01_T01_01	账号唯一
			ACT_ADDUser_01_T01_02	长度在1~100字符范围内
			ACT_ADDUser_01_T01_03	长度在100字符以外
			ACT_ADDUser_01_T01_04	必填(验证是否做了非空约束)
			ACT_ADDUser_01_T01_05	为空
	ACT_ADDUser_01_T02	用户姓名	ACT_ADDUser_01_T02_01	长度在0~100字符范围内
			ACT_ADDUser_01_T02_02	内容为空
			ACT_ADDUser_01_T02_03	长度在100字符以外
			ACT_ADDUser_01_T02_04	用户姓名重复(允许重复,验证是否做了错误的唯一性约束)
ACT_ADDUser_01	ACT_ADDUser_01_T03	用户手机号	ACT_ADDUser_01_T03_01	长度为11个字符
			ACT_ADDUser_01_T03_02	内容为空
			ACT_ADDUser_01_T03_03	长度不是11个字符
			ACT_ADDUser_01_T03_04	数字
			ACT_ADDUser_01_T03_05	必填
	ACT_ADDUser_01_T04	用户身份证号	ACT_ADDUser_01_T04_01	长度为18个字符
			ACT_ADDUser_01_T04_02	内容为空
			ACT_ADDUser_01_T04_03	长度不是18个字符
			ACT_ADDUser_01_T04_05	用户身份证号重复(验证是否做了唯一性约束)
			ACT_ADDUser_01_T04_06	必填

续表

需求编号	测试项编号	测试项描述	测试子项编号	测试子项描述
ACT_ADDUser_01	ACT_ADDUser_01_T05	用户头像	ACT_ADDUser_01_T05_01	内容为空
			ACT_ADDUser_01_T05_02	上传图片格式
			ACT_ADDUser_01_T05_03	图片小于 40KB
	ACT_ADDUser_01_T06	性别	ACT_ADDUser_01_T06_01	不能填写
			ACT_ADDUser_01_T06_02	显示所添加的性别
			ACT_ADDUser_01_T06_03	下拉框选择性别
			ACT_ADDUser_01_T06_04	必填
	ACT_ADDUser_01_T07	电子邮箱	ACT_ADDUser_01_T07_01	长度 1～100 字符范围内
			ACT_ADDUser_01_T07_02	长度在 100 字符以外
			ACT_ADDUser_01_T07_03	@符号校验
			ACT_ADDUser_01_T07_04	必填
	ACT_ADDUser_01_T08	余额	ACT_ADDUser_01_T08_01	数字
			ACT_ADDUser_01_T08_02	小数点两位
			ACT_ADDUser_01_T08_03	必填
			ACT_ADDUser_01_T08_04	填写其他违反规则的数据

在软件企业实际测试过程中，一般测试需求是需要跟踪和管理的，所以会使用一些专业的测试管理工具，如禅道。下面就介绍使用禅道进行测试需求的管理。

禅道是由禅道软件(青岛)有限公司开发的国产开源项目管理软件，是一款专业的研发项目管理软件，它集产品管理、项目管理、质量管理、文档管理、组织管理和事务管理于一体，覆盖了研发项目管理的核心流程。禅道内置了测试管理工具，包括测试框架、测试计划与组织、测试过程管理、测试分析与缺陷管理等功能。这些功能可以帮助团队更好地进行软件测试，从而提高软件质量和开发效率。不同的人员可以用禅道做不同的任务，作为测试人员，可以用它管理整个测试的一个流程、去追踪(Bug)的一个状态、去写测试用例，并生成软件测试报告等。禅道可以在其官网下载。

4.4 禅道项目管理工具

4.4.1 禅道部署与使用

(1) 双击禅道(开源版)的安装包，将其解压到操作系统某一个分区的根目录。以将文件安装到 D 盘为例，如图 4.3 所示。

(2) 单击 Extract 按钮后，出现安装进度条，如图 4.4 所示。

(3) 打开 D 盘进入禅道的安装目录 xampp 文件夹，如图 4.5 所示。

图 4.3 将禅道安装包解压到 D 盘根目录

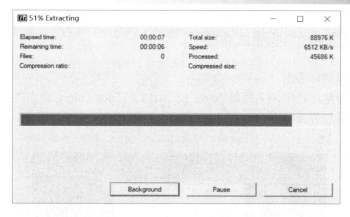

图 4.4　禅道安装进度

图 4.5　禅道安装目录

(4) 双击"启动禅道.exe"程序,弹出"禅道集成运行环境"对话框,单击"启动"按钮,系统会自动启动禅道所需要的 Apache 和 MySQL 服务。如图 4.6 所示。

(5) 启动成功之后,单击"访问禅道"按钮,或直接在浏览器地址栏输入网址 http://127.0.0.1:81/index.php,页面会自动跳转到禅道集成运行环境页面,如图 4.7 所示。

图 4.6　禅道集成运行环境对话框　　　图 4.7　禅道集成运行环境页面

4.4.2 在禅道中创建测试需求

在禅道中创建测试需求，具体步骤如下。

(1) 在浏览器地址栏中输入网址 http://127.0.0.1:81/index.php，单击"开源版"按钮，打开禅道项目管理系统登录界面，如图 4.8 所示。

图 4.8　禅道项目管理系统登录界面

(2) 输入用户名：admin，密码：123456，登录到禅道项目管理系统，如图 4.9 所示。

图 4.9　禅道项目管理系统

(3) 单击左上角的"部门"选项，创建部门，如图 4.10 所示，然后创建和查看用户，如图 4.11 和图 4.12 所示。

图 4.10　在"组织"界面中创建部门

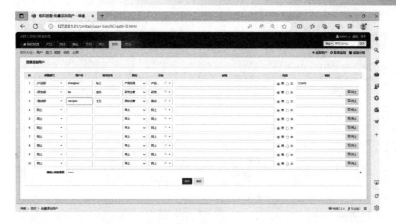

图 4.11　创建用户

图 4.12　查看用户

（4）单击"产品"选项，添加产品，输入产品名称、产品代号、选择产品负责人、测试负责人、实施负责人等信息后，单击"保存"按钮，如图 4.13 所示。

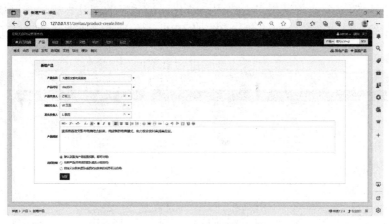

图 4.13　添加产品

（5）单击"产品"选项，单击"模块"菜单，根据系统的架构图及需求细分的功能点，添加系统模块层级，如图 4.14 所示。

（6）单击"计划"菜单，创建项目计划，选择项目开始日期和结束日期，如图 4.15 所示。

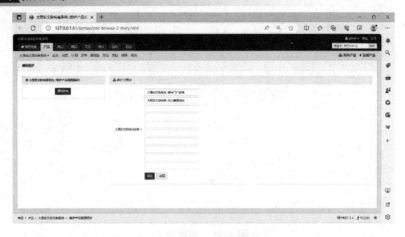

图 4.14　添加系统模块层级

图 4.15　创建项目计划

(7) 单击"产品"菜单,然后单击"需求"菜单,再单击左上角"提需求"按钮,出现如图 4.16 所示的"创建测试需求"界面。选择已经建好的产品、模块和所属计划。选择需求的来源,输入需求名称、需求描述和验收标准,输入测试该需求的预计工时,选择需求评审人。

图 4.16　创建测试需求

知 识 自 测

实 践 课 堂

任务一：确定软件项目测试团队

根据"大理农文旅电商系统 V1.0"的功能结构图，确定完成测试任务的分工协作团队成员，并记录在下表中。

班级			姓名	学号	姓名	学号
组号		组员				
组长						
组长学号						
联系方式						
姓名	所负责的功能模块					

任务二：完成功能点需求提取

小组团队分工协作，共同研究并使用禅道项目管理工具，新建组织、部门、用户并分配权限，在禅道中完成"大理农文旅电商系统 V1.0"的产品添加、构建产品模块和新建项目计划。分析"大理农文旅电商系统 V1.0"，根据你所负责的功能模块，在禅道中完成测试需求的提取与记录。选取两个功能点，认真写下它们的详细需求及字段约束。

功能点一：
具体测试需求：

功能点二：
具体测试需求：

学生自评及教师评价

学生自评表

序 号	课堂指标点	佐 证	达 标	未达标
1	需求调研定义和目的	阐述出需求调研的定义和目的		
2	软件需求定义	阐述出软件需求的定义		
3	软件需求分类	阐述出软件需求的分类		
4	需求调研方法	应用需求调研方法进行需求调研		
5	软件需求优先级	合理划分出软件需求的优先级		
6	软件需求评审	小组合作完成软件需求的评审		
7	测试需求提取方法	有效分析并提取记录测试需求		
8	禅道项目管理工具	部署并熟练使用禅道项目管理工具		
9	创建测试需求	用禅道项目管理工具完整记录测试需求		
10	客户服务意识	站在用户角度挖掘软件需求		
11	全面思考问题	全面分析产品的宏观架构和具体需求		
12	协作精神	团队沟通,分工协作		

教师评价表

序 号	课堂指标点	佐 证	达 标	未达标
1	需求调研定义和目的	阐述出需求调研的定义和目的		
2	软件需求定义	阐述出软件需求的定义		
3	软件需求分类	阐述出软件需求的分类		
4	需求调研方法	应用需求调研方法进行需求调研		
5	软件需求优先级	合理划分出软件需求的优先级		
6	软件需求评审	小组合作完成软件需求的评审		
7	测试需求提取方法	有效分析并提取记录测试需求		
8	禅道项目管理工具	部署并熟练使用禅道项目管理工具		
9	创建测试需求	用禅道项目管理工具完整记录测试需求		
10	客户服务意识	站在用户角度挖掘软件需求		
11	全面思考问题	全面分析产品的宏观架构和具体需求		
12	协作精神	团队沟通,分工协作		

模块 5

制订测试计划

教学目标

知识目标

◎ 掌握软件测试计划的定义。
◎ 理解软件测试计划的目的。
◎ 掌握软件测试计划的具体内容。

能力目标

◎ 具备规范编制软件测试计划文档的能力。
◎ 具备软件项目进度、范围、风险管理的能力。

素养目标

◎ 培养学生的团队协作精神及沟通表达能力。
◎ 培养学生做事情有规划、讲方法,以及风险防范的意识。
◎ 培养学生的全局系统性思维。

知识导图

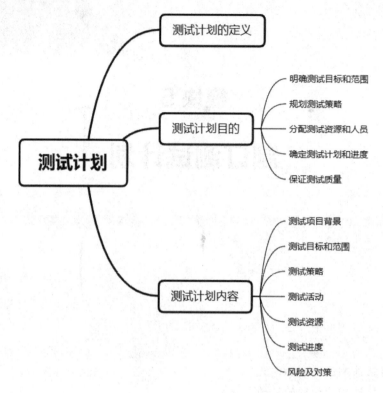

知识准备

5.1 软件测试计划

软件测试计划

美国软件测试文件标准(ANSI/IEEE Std 829-1983)将软件测试计划定义为:"一个叙述了预定的测试活动的范围、方法、资源及进度安排的文件。它描述了测试项目、被测特征、测试任务、人员安排,以及任何偶发事件的风险。"

软件测试是有计划、有组织和有系统的软件质量保障活动,而不是一个随意的、松散的、杂乱的实施过程。为了规范软件测试的内容、方法和过程,在对软件进行测试之前,必须创建测试计划。有了测试计划,测试管理者能够根据测试计划做宏观调控,进行相应资源配置等,测试工程师能够了解整个项目测试情况及项目测试不同阶段所要进行的具体工作,也便于其他人员了解测试人员的工作内容,从而进行有关的配合工作。

测试计划一般是在需求整理完成后,和开发计划一起制订的一份计划书文档,它是从属于项目计划中的一类计划。测试计划的制订是由粗略到详细的一个过程。测试需求分析前做总体测试计划书,测试需求分析后拟定出详细的测试计划书。测试计划应该由项目测试负责人或测试组长,或具有丰富经验的测试工程师来进行组织编写。中小型项目的测试计划,可以由测试负责人直接负责。大型项目的测试计划,一般由测试负责人和子模块测试负责人共同完成。测试计划的内容和要求由测试团队来具体实施。

软件测试计划规定了测试各个阶段所要使用的测试方法、测试策略、测试环境、测试通过或失败的准则等内容,是指导测试过程的纲领性文件。它包含了软件产品概述、测试策略、测试方法、测试范围、测试配置、测试周期、测试资源、测试交流、风险分析等内容。借助软件测试计划,参与测试的项目组成员,尤其是测试管理人员,可以明确测试任务和测试方法,保持测试实施过程的顺畅,跟踪和控制测试进度,应对测试过程中的各种变更和风险。

制订测试计划可以坚持"5W1H"规则,明确具体内容与过程。"5W1H"规则指的是"What(做什么)""Why(为什么做)""Who(何人做)""When(何时做)""Where(何处做)""How(如何做)"。利用"5W1H"规则创建软件测试计划,可以帮助测试团队(Who)理解测试的目的(Why),明确测试范围和具体内容(What),确定测试工作的开始日期、结束日期和进度安排(When),指出测试工作中所用到的方法和工具(How),给出测试环境及文档和软件的存放位置(Where)。在此过程中,需要准确无误地理解被测软件的功能特征、所应用行业的相关背景知识及软件测试的相关技术,在需要测试的内容里突出关键部分,针对测试过程中的阶段划分、文档管理、缺陷管理、进度管理给出切实可行的方法。

5.2 测试计划的目的

5.2.1 明确测试目标和范围

在编写测试计划时,需要明确测试的目标是什么,测试的范围是什么,以及需要测试的功能模块和功能点。通过明确测试的目标和范围,可以保证测试的全面性和有效性。同时,也可以帮助测试人员快速定位和排除问题,提高测试效率。

5.2.2 规划测试策略

测试策略是测试的方法和技术的选择,以达到测试目标的计划和组织。测试策略是指基于需求、风险和资源等因素,选定适当的测试方法、测试技术和测试工具。编写软件测试计划时,需要制订恰当的测试策略,以保证测试的有效性和高效性。

5.2.3 分配测试资源和人员

在编写测试计划时,需要计划测试环境、测试工具和测试设备等资源,以保证测试的顺利进行。需要确定测试人员的职责和分工,确保测试工作的协调性和高效性。通过明确测试资源和人员的分配,可以最大限度地优化测试流程,并且尽可能降低测试风险和成本。

5.2.4 确定测试计划和进度

根据需求和测试策略制订测试计划,并确定测试的时间和进度。测试时间和进度的合理安排可以最大限度地提高测试效率,确保测试的高质量和及时性。此外,测试计划和进度的制订也可以帮助管理者掌握测试的情况,以便在必要的时候进行调整。

5.2.5 保证测试质量

编写软件测试计划的最终目的是保证测试质量。对于任何一个软件项目,测试质量都是至关重要的。通过编写完善的测试计划,可以保证测试的全面性和有效性,最大限度地提高测试效率和效果,从而保证软件项目的质量和用户满意度。

软件测试计划是软件测试中非常重要的一环,其主要目的是明确测试目标和范围,规划测试策略,分配测试资源和人员,确定测试计划和进度,以及保证测试质量。一个完整、详细、准确、合理和规范的测试计划,可以提高软件测试工作的质量和效率,最终保证软件项目的质量和用户满意度。

5.3 测试计划的内容

5.3.1 测试项目的背景

测试计划中项目背景是站在客观的角度观察行业、政策、竞争者、客户、技术等方面的变化和情况,首要任务是介绍软件项目产品的背景,说明被测对象的基本信息、产品介绍、终端用户、产品的独特与创新等。以"大理农文旅电商系统"为被测系统,撰写项目背景及介绍,示例如下。

"大理农文旅电商系统"简称"大理包",是中国电子系统技术有限公司与大理州政府合作研发的一套集农业、文化、旅游为一体的电子商务系统,它隶属于大理数字农文旅产业互联网平台。能够向大理州涉及农业、文化、旅游的中小微企业提供"云库+云店+云支付+云服务+云生态"的数字工具与运营服务,帮助农文旅商家降本增收,助力规范诚信的文旅市场秩序,带给游客更美更优的旅行体验。该项目可以实现大理州农文旅产业资源全域整合,助推数字科技融合农业、文化、旅游产业,构建大理州产业发展新动能。

目前,"大理农文旅电商系统"已经开始使用,在使用之中,发现了系统存在的一些问题,为了更加系统和有效地发现系统中的其他问题,启动本项目来对软件产品进行测试。

5.3.2 测试目标和范围

在软件测试计划中,测试目标和范围的概念是最为基础的内容。测试目标是根据软件的功能和性能需求制订的,而测试范围则是确定哪些部分需要进行测试。测试目标和范围的确立是软件测试计划的第一步,同时也是最为重要的一步。以"大理农文旅电商系统"为被测系统,撰写项目测试目标和范围,示例如下。

"大理农文旅电商系统"已研发完成还未发布,系统本身还存在一些问题,中国电子系统技术有限公司希望通过本项目的测试,发现更多的系统缺陷,建立起一系列较完整的测试过程规范体系和一套较完整的测试用例库,优化产品的质量,提升(或优化)用户的使用体验,提升服务品质。

本轮测试范围涵盖"大理农文旅电商系统"的前台和后台,系统架构视图如图 5.1 所示。

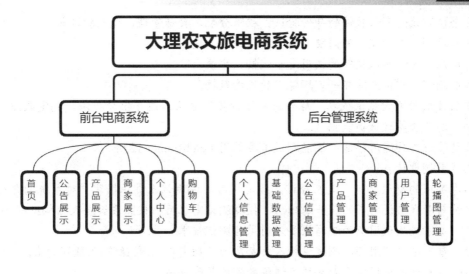

图 5.1 系统架构图

5.3.3 测试策略

测试策略是测试计划中最为重要、最为复杂的内容之一。它涉及到测试方法、测试工具和测试环境的选择,测试人员的分配和测试进度规划等方面的决策。测试策略,直接影响软件测试的质量和效率。以"大理农文旅电商系统"为被测系统,撰写项目测试策略,示例如下。

本项目的特点

(1) 参与的测试成员都是第一次使用"大理农文旅电商系统"。

(2) 研发工程师对系统已经做过一些单元及集成测试,目前系统已部署至测试环境。

(3) 相对于整体项目进度及交付运行周期来看,测试时间非常紧张(要建立一个基本完善的测试规范、要设计整套测试用例和执行一轮完整的测试)。

(4) 本次项目测试只针对"大理农文旅电商系统"的当前版本进行一轮系统测试。

根据以上特点,制订本项目的测试策略如下。

(1) 尽量做到在有限的时间里发现尽可能多的缺陷(尤其是严重缺陷)。

(2) 测试需求提取和测试用例设计可以同步进行。

(3) 有效提取测试需求。通过确定要测试的内容和需求的优先级、重要性,使测试设计工作更有目的性,在需求的指导下设计出更多更有效的用例。

(4) 逐步完善测试用例库。测试用例库的建设是一个不断完善的过程,要在有限的时间里,先设计出一整套的测试用例,核心模块的测试用例需要设计得完善一些,一般部分的则需指出测试要点,在以后的测试工作中再不断去完善补充测试用例库。

(5) 测试过程要受到控制。根据事先定义的测试执行顺序进行测试,并填写测试记录表,保证测试过程是受控的。

确定测试类型及测试技术

本次测试需要进行软件的功能、安全性、兼容性、易用性、性能等测试。

功能测试:测试各功能是否有缺陷。

安全性测试：测试软件的身份验证、权限分配、会话管理、输入验证等。
兼容性测试：测试在不同配置环境下软件的表现。
易用性测试：测试软件的使用是否流畅、方便。
性能测试：测试系统在一定环境下的性能数据。

本项目采用黑盒测试技术，综合应用等价类划分法、边界值分析法、判定表法、错误推测法、场景法等进行功能测试。

项目管理工具选用禅道，性能测试工具选用 LoadRunner 12.05。

测试用例设计

本次测试的测试用例，是在经过系统培训后，由测试人员根据客户对系统的介绍和自己对系统需求规格说明书的理解基础上，提取测试需求后，按照系统层次结构统一编写。

(1) 本系统测试用例的编写主要采用黑盒测试技术。
(2) 每一个测试用例，测试设计人员都应为其指定输入(或操作)及预期输出。
(3) 每一个测试用例，都必须有详细的测试步骤描述。
(4) 本次测试设计的所有测试用例均需以规范的文档方式保存。
(5) 在整个测试过程中，可根据项目实际情况对测试用例进行适当的变更。
(6) 测试用例中测试数据的准备，在客户的指导和协助下准备。
(7) 按照系统的运行结构安排用例的执行。
(8) 测试人员执行测试时，要严格按照测试用例中的内容来执行测试工作。
(9) 测试人员要将测试执行过程记录到测试执行记录文档中。
(10) 测试人员要将执行失败的测试用例转为缺陷。

依据标准

本次测试中测试文档的编写、测试用例的编写、执行测试以及测试中各项资源的分配和估算，都是以中国电子系统技术有限公司提供的各子系统软件需求规格说明书和使用手册为标准，软件的执行以系统逻辑设计构架为依据，测试标准以评审通过的测试用例为依据。

测试准入标准："大理农文旅电商系统"已研发完成，且通过了冒烟测试。

测试通过标准：多轮测试后，所有测试用例执行完毕。产品正式上线发布前，未关闭的缺陷数量不能超过 10 个，并且没有致命级别和严重级别的缺陷，遗留的缺陷不影响用户的使用和体验。

5.3.4 测试活动

测试活动是测试计划中具体实施测试的过程，包括测试计划的执行、测试结果的分析和测试缺陷的追踪等。测试活动需要有完整、翔实的流程规范，以保证测试过程的规范和有序。测试活动的流程规范应该包含测试开始前的准备、测试需求记录、测试执行、测试结果分析以及缺陷管理等环节，以确保软件测试的全面性和有效性。具体测试流程如图 5.2 所示。

在项目测试过程中，将整个测试过程分为几个里程碑，如表 5.1 所示，达到一个里程碑后才能进入到下一阶段，以控制整个过程。

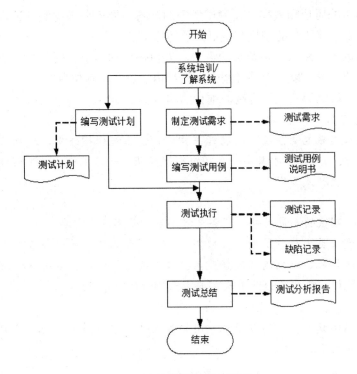

图 5.2 系统测试流程图

表 5.1 测试里程碑及完成标准

里程碑	完成标准
系统培训	(1) 对于本项目所有需要测试的系统的培训完成； (2) 测试人员已经对所有被测系统/模块进行了使用，已了解被测系统的具体功能
测试需求	(1) 所有具体测试范围已确定； (2) 测试需求已制订完成； (3) 所有测试需求已得到客户认可
测试设计	(1) 测试用例已覆盖所有测试需求； (2) 测试用例设计已经完成
测试执行	(1) 所有测试用例被执行； (2) 发现的缺陷都有缺陷记录； (3) 测试过程有测试记录； (4) 回归测试已全部通过，剩余 3 和 4 级别的缺陷不超过 10 个
结果分析	(1) 完成缺陷的统计与分析； (2) 完成测试总结报告

5.3.5 测试资源

测试资源是测试计划中实施测试所需的人、物、财等资源的配备。测试资源的配备直接关系到软件测试的质量和效果。在测试资源的配备中要充分考虑测试过程的时间和质量要求，同时还需要考虑团队的规模和测试部署等方面的问题。

测试资源可以考虑测试人员数量的需求、人员培训的需求、硬件配置资源、软件配置资源、办公空间的需求，以及相关过程性文档和信息资源保存位置等。

以"大理农文旅电商系统"为例，项目的测试资源如下。

1. 测试人员需求

根据"大理农文旅电商系统"的功能架构分析出系统规模适中，项目系统测试迭代周期为 8 小时×22 天。人力资源需要一名高级测试经理、一名中级测试工程师、两名初级测试工程师、一名性能测试工程师。

2. 培训需求

由于参与本次测试的人员对电子商务系统测试经验不足，需要中国电子系统技术有限公司组织对这些测试人员进行系统的相关培训。培训形式为线上培训或线下培训，可提供相关项目资料供团队学习，培训内容包括：系统技术架构的培训、系统数据业务流程培训、各子系统的功能培训、哪些部分是本次需要重点测试的对象。

3. 硬件需求

本次共有 5 名测试人员，需要单独使用的台式机 5 台。另外，还需要配置一台测试服务器。具体需求如表 5.2 所示。

表 5.2　硬件需求

名称	数量	配置	其他说明
测试机	5 台	CPU 不低于 Intel i3 或 AMD R3、四核 内存容量不低于 4GB，硬盘容量不低于 500GB	
Web 测试服务器	1 台	CPU 不低于 Intel i5 或 AMD R5、八核 内存容量不低于 16GB，硬盘容量不低于 200GB	
网络带宽		大于 10Mbps	

4. 软件需求

根据系统需求，操作系统需要安装 Windows 10 以上版本。另外，每个测试人员的测试机上还需要安装 WPS 或微软 Office 办公软件和被测试的系统，如表 5.3 所示。

表 5.3　软件需求

类型	名称
操作系统	Windows 10 以上版本
办公软件	Office 2010 中文版或者 WPS 2016 以上版本
被测应用程序	大理农文旅电商系统(B/S 架构)

5. 办公空间需求

本次测试在中国电子系统技术有限公司进行，需要提供平均每人至少 3 平米的办公空间，提供工位及座椅。

6. 相关过程性文档和信息保存的位置(见表 5.4)

表 5.4　相关过程性文档和信息保存位置

类型	位置	说明
测试文档	禅道	需求、计划、用例、缺陷、报告
全局的参数	配置文件里面	数据库地址、账号密码
一次性消耗的数据	随机函数生成	注册数据
反复使用的数据	数据库	使用时记得恢复环境
多组测试数据	yaml, text, json, excel 中	参数化

5.3.6　测试进度

测试进度是测试阶段开始日期到结束日期期间，每个阶段的测试活动所占的时间。测试活动可以包括：系统培训、需求分析、测试计划、测试用例、测试环境准备、测试用例执行、兼容性测试、易用性测试、性能测试、测试报告编写和总结等。

测试进度是测试计划中最为关键的一环，同时也是测试过程中最难以保证的一环。在测试进度的规划中，需要充分考虑测试量、测试稳定性、测试进度的调整和测试质量等问题，以确保软件测试计划的顺利进行。例如，软件产品必须在 2024 年 12 月 31 日之前交付给客户，那么所有的测试活动都必须在这个时间之前完成。在这种情况下，测试的时间范围已经无法进行选择，必须在测试资源、测试质量和测试范围等方面进行平衡。

5.3.7　风险及对策

在软件测试过程中，可能会遇到一些风险和挑战。风险一般来源于项目计划的变更、测试资源不能及时到位等方面。若出现计划变更的情况，应该及时让测试人员知道具体的形势，以及变更所带来的影响，这样才能快速地采取相应的补救措施。资源不能及时到位时，可以建立相应的后备机制，让后备测试人员在出现资源不足的情况时能够快速进行资源的补充。

在软件测试过程中常见的风险，可以从几个方面思考。

1. 测试资源不充分的风险

测试资源不充分风险表现在以下方面。

(1) 硬件资源不够。国内的很多小型的软件企业开发和测试大多使用同一个环境，这样肯定会影响测试效果。

(2) 软件资源不充分。比如在项目后期进行的回归测试工作量很大，但测试人手不够。

(3) 测试的时间不充足。在企业实际的研发过程中，研发人员由于各种原因(如用户提出修改或者新增某些功能，甚至研发人员的技术水平等)延迟提交到测试部门，这样无形中减少了测试人员的测试时间，测试时间不充足会影响到最终的测试效果。

解决办法：作为一名测试管理者有义务向公司申请更多的测试资源，如购置独立的测试服务器把测试环境和研发环境分开；要求招聘更多的测试人员；测试管理者应当做好测试风险的预估，比如在制订测试计划的时候要预留一定的多余时间以应对临时变化的一些特殊情况。

2. 用户需求的风险

用户需求的风险主要表现在以下的几个方面。

(1) 软件需求本身不清晰或者开发商对产品的需求特性理解不准确有偏差,这样导致最终开发的产品功能可能不是用户真正想要的功能。

(2) 需求变更风险。在项目的后期用户总是不停地提出需求变更,从而影响设计和编码,并且最终反映到测试中来。更重要的是在项目的后期频繁的需求会导致测试的时间不充分。

解决办法:在项目开发过程中的每一个阶段,尽量让有决策权的核心用户看到产品已经实现的每个阶段的功能,如果不是用户想要的东西尽早提出来。对于后期用户不停地提出需求变更的问题,应该多和用户沟通,争取更充分的研发时间和测试时间,或者把后期提出的功能放到下一个版本中实现。

3. 测试人员的风险

测试人员是软件测试中至关重要的角色,测试人员风险常常表现在以下几个方面。

(1) 人力资源不足。如果测试团队的人力资源不足,可能会导致测试工作无法全面、有效地进行,遗漏一些重要的测试环节,增加软件发布后出问题的风险。

(2) 测试用例执行不完整。测试人员可能因为时间紧张、工作量大等原因,导致测试用例执行不完整,或者没有严格按照测试用例执行,这可能会遗漏一些潜在的缺陷。

(3) 人员流动和业务不熟悉。测试团队的人员流动可能会导致新的测试人员对业务不熟悉,对测试的深度和广度造成影响,增加软件发布后出问题的风险。

(4) 需求理解不准确。测试人员可能对软件的需求理解不准确或者理解片面,导致测试的针对性和有效性不足,遗漏一些重要的测试环节。

(5) 缺乏有效的沟通和协作。测试人员之间、测试人员与其他项目成员之间缺乏有效的沟通和协作,会导致信息传递不及时、问题反馈不及时,从而影响测试工作的顺利进行。

(6) 缺乏专业技能和知识。部分测试人员可能缺乏专业技能和知识,无法准确地定位和发现软件中的缺陷,也无法对缺陷进行有效的分析和评估。

(7) 工作态度和责任心不强。部分测试人员可能存在工作态度和责任心不强的问题,如缺乏细心、耐心和责任心等,导致测试过程中出现失误或疏漏。

解决方法如下。

(1) 合理分配人力资源。在项目初期,根据项目需求合理分配测试人力资源,确保测试工作的全面、有效进行。

(2) 加大测试用例的执行力度。制订完善的测试用例执行计划,并加大测试用例的执行力度,确保每个测试用例都得到完整、准确地执行。

(3) 建立人员流动机制。建立完善的人员流动机制,确保新加入的测试人员能够快速熟悉业务和掌握测试技能。

(4) 加强需求理解能力。鼓励测试人员加强需求理解能力,提高对软件需求的认识和把握,从而更好地进行测试计划和用例设计。

(5) 加强沟通和协作能力。建立有效的沟通机制和协作平台，加强测试人员之间、与其他项目成员之间的沟通和协作能力，确保信息的及时传递和问题的及时反馈。

(6) 提供专业培训和支持。为测试人员提供专业技能和知识的培训和支持，提高测试人员的专业水平和工作能力。

(7) 提高工作态度和责任心。建立完善的工作考核机制和奖惩制度，提高测试人员的工作态度和责任心，提高测试质量和效率。

4. 测试充分性风险

测试充分性风险是指测试范围提供不准确，用例设计时忽略了深层次逻辑，导致部分测试用例被测试人员有意无意地忽略执行，进而遗漏或没有及时发现缺陷。

解决方法如下。

(1) 精确确定测试范围。在测试计划阶段，要明确测试范围，特别要注意测试场景、输入数据、边界条件等细节方面，确保测试范围尽可能覆盖所有可能的情况。

(2) 加强用例设计。在设计测试用例时，要尽可能考虑到各种可能的逻辑分支和异常情况，保证用例设计的全面性和针对性。同时，要提高用例的可读性和可执行性，确保每个用例都能够准确有效地执行。

(3) 实施有效的缺陷管理。在测试过程中，要及时发现并记录缺陷，并对缺陷进行跟踪和分析。通过对缺陷的分析和处理，可以不断优化测试用例和测试流程，提高测试的充分性和有效性。

5. 测试环境的风险

软件测试中的测试环境风险主要有以下几种情况。

(1) 测试环境和生产环境配置不同。在测试过程中，如果测试环境和生产环境的配置不同，可能会导致测试结果存在误差。例如，某些功能在测试环境中能够正常执行，但在生产环境中却无法正常执行。

(2) 回归测试的环境无法完全复现整个生产环境，这也会造成一定的误差。例如，某些功能在回归测试中没有重现生产环境中的所有情况，导致回归测试的结果不够准确。

(3) 测试环境不稳定。例如，测试过程中出现系统崩溃、网络中断、数据库连接失败等问题，可能会影响到测试的质量和进度。

解决方法如下。

(1) 确保测试环境和生产环境的配置一致。在搭建测试环境时，要确保其配置和生产环境一致，以避免因配置不同而导致的误差。

(2) 对于回归测试，应尽量选取能复现整个生产环境的测试环境，以提高准确性。

(3) 测试准备阶段需要搭建稳定的测试环境，确保测试过程中不会出现系统崩溃、网络中断、数据库连接失败等问题。

6. 测试工具方面的风险

软件测试中，使用测试工具的风险主要有以下几种情况。

(1) 测试工具的局限性。任何测试工具都有其局限性，可能无法覆盖所有的测试场景和测试需求。例如，某些测试工具可能无法模拟复杂的网络环境和多用户并发测试。

(2) 测试工具的可靠性。测试工具在执行大量测试时可能存在稳定性问题,导致测试结果不准确。例如,某测试工具在长时间测试或大量数据输入时可能发生崩溃或数据丢失。

(3) 测试工具的可维护性。一些测试工具可能存在技术难度,对测试人员的技能和经验要求较高。如果测试人员不熟悉这些测试工具,可能会影响测试效率和测试结果。

(4) 测试工具的版本更新。一些测试工具会定期发布新版本,这些新版本可能存在一些新的功能和问题。如果测试人员没有及时跟进更新,可能会影响测试效率和测试结果。

解决方法如下。

(1) 选择成熟的测试工具。在选择测试工具时,应优先考虑一些知名大企业使用的成熟测试工具,这些测试工具经过多年使用和优化,具有较高的可靠性和稳定性。

(2) 加强技能培训。对于使用测试工具的测试人员,应加强技能培训,提高他们对测试工具的理解和掌握程度。同时,应鼓励他们积极学习新技术和新的测试方法,以适应不断变化的测试需求。

(3) 定期更新测试工具。对于使用的测试工具,应定期更新,以保持其稳定性和可靠性。在更新过程中,应注意新版本可能带来的新功能和问题,并及时跟进解决。

(4) 做好备份和灾备。在使用测试工具时,应做好备份和灾备工作,防止数据丢失和意外情况发生。同时,应定期检查测试数据的完整性和准确性,以保证测试结果的可靠性。

7. 系统资料方面的风险

软件测试时,关于系统资料方面也存在一定的风险,主要有以下几种情况。

(1) 信息不完整。如果测试人员对软件系统的相关资料了解不全面,如系统的功能、流程、数据结构等,可能会导致测试不充分或遗漏某些重要功能。

(2) 版本不一致。如果测试人员使用的系统资料与实际运行的系统版本不一致,可能会导致测试结果不准确或不可信。

(3) 信息失真。如果系统资料中存在错误或虚假信息,如数据造假、用户账号信息错误等,可能会误导测试人员,导致测试结果不真实。

解决方法如下。

(1) 充分了解系统资料。在测试前,测试人员需要充分了解系统资料,包括系统的功能、流程、数据结构等,以便进行全面充分的测试。

(2) 确认资料的一致性。在测试前,需要确认测试人员使用的系统资料与实际运行的系统版本一致,以避免因版本不一致导致的问题。

(3) 检查资料的准确性。在测试前,需要对系统资料进行检查,确认其中是否存在错误或虚假信息。如果存在,需要及时修正或调整测试计划。

知 识 自 测

实 践 课 堂

任务一：分析软件项目测试过程中可能存在的风险

以"大理农文旅电商系统"为例，结合团队实际的测试情况，分析软件项目测试过程中可能会面临的风险，思考如何应对。

任务二：分析软件项目测试过程中的时间进度安排

以"大理农文旅电商系统"为例，根据不同的测试任务估算出工作量，再结合团队测试活动的具体安排及测试的截止时间，思考并拟定出详细的测试进度计划。

测试活动	计划开始日期	预期结束日期	备注

学生自评及教师评价

学生自评表

序 号	课堂指标点	佐 证	达 标	未达标
1	测试计划定义	阐述测试计划的定义		
2	测试计划目的	阐述出测试计划的目的		
3	测试计划内容	阐述出测试计划的内容、5W1H 原则		
4	风险分析	能够准确评估测试过程中的风险		
5	测试任务安排	能够合理安排测试任务		
6	测试策略	能够制订出准确合理的测试策略		
7	时间进度安排	根据不同测试任务估算工作量		
8	全面思考问题	全面分析产品的宏观架构,制订测试计划		
9	协作精神	团队沟通,分工协作		

教师评价表

序 号	课堂指标点	佐 证	达 标	未达标
1	测试计划定义	阐述测试计划的定义		
2	测试计划目的	阐述出测试计划的目的		
3	测试计划内容	阐述出测试计划的内容、5W1H 原则		
4	风险分析	能够准确评估测试过程中的风险		
5	测试任务安排	能够合理安排测试任务		
6	测试策略	能够制订出准确合理的测试策略		
7	时间进度安排	根据不同测试任务估算工作量		
8	全面思考问题	全面分析产品的宏观架构,制订测试计划		
9	协作精神	团队沟通,分工协作		

模块 6

设计测试用例

教学目标

知识目标

◎ 掌握测试用例的概念。
◎ 掌握测试用例的内容组成。
◎ 理解测试用例的优先级。
◎ 了解测试用例的评审。

能力目标

◎ 具备选取合适的用例设计方法设计测试用例的能力。
◎ 具备按规范设计编写软件测试用例的能力。

素养目标

◎ 培养学生注重细节、精益求精的软件质量保障意识。
◎ 培养学生逻辑思维能力和分析解决问题的能力。
◎ 培养学生的团队协作意识,提升学生的沟通表达能力。

知识导图

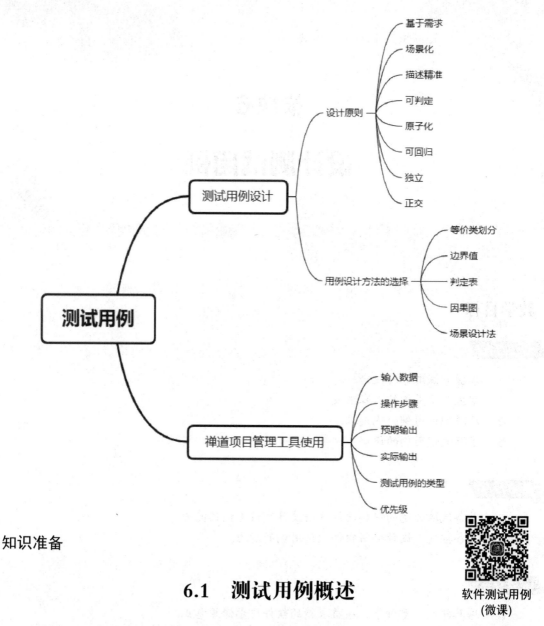

知识准备

6.1 测试用例概述

软件测试用例(微课)

软件测试用例设计是软件测试工作过程中最重要的一部分。测试用例(Test Case)是为了实施测试而向被测试的系统提供的一组集合，这组集合包含测试环境、操作步骤、测试数据、预期结果等要素。

测试用例是执行测试的最小实体。在设计测试用例时，需要明确测试的目的。这样可以明确所设计的测试用例覆盖的功能和场景范围，并且确定测试用例能够发现的缺陷类型。好的测试用例不仅能发现软件潜在的缺陷，也能在软件测试过程中被方便地管理和维护。判断测试用例是否满足测试的需求，可以通过以下 8 个原则进行衡量。

(1) 基于需求。测试用例设计要基于需求。由于软件自身的复杂性,如果在设计测试用例时不以软件需求为基准,容易造成测试用例设计不够完备或者过度设计、测试成本提高、测试用例管理与维护困难等问题。因此,测试用例的设计必须紧密结合需求,以确保软件系统的功能和性能符合用户期望。在测试用例设计中,需要明确需求范围。对于不在需求范围内的功能,不需要设计测试用例。对于在需求范围内的功能,需要根据需求的具体内容进行适当的测试用例设计。

(2) 场景化。测试用例设计尽可能贴近端到端的使用场景。为了更好地理解用户需求,需要围绕场景进行更多的探索,以用户视角描述用例。此外,还应按照用户使用的自然顺序设计用例,确保测试用例能够覆盖用户的所有操作流程。测试用例设计需要非常细致,以充分保证软件的质量和稳定性。

(3) 描述精准。为了确保测试用例的可读性和可理解性,避免歧义和误解,测试用例的描述应该精练而有针对性,避免使用大段的描述和过多的细节。将大量的信息进行分层和结构化设计,可以更好地组织和展示测试用例。另外,为了确保不同的人对测试用例都有一致的理解,要使用准确、具体、精练的描述,避免模糊和含糊的语言,以保证测试用例的有效性和可靠性。

(4) 可判定。在测试用例设计中,可判定原则是一个重要的原则。这个原则要求测试用例给出明确的期望执行结果,以便在测试过程中进行比较和判断。在没有缺陷的情况下,多次执行应该保持结果一致,以确保测试用例的稳定性和可靠性。这个判定准则与预期结果相关,并且应该是明确、具体和可度量的。除非业务规则发生变化,否则判定准则应保持不变。

(5) 原子化。原子化要求是指测试用例的设计应该确保每个用例都有单独的测试点,即每个测试用例只针对一个测试点进行设计。这样可以确保测试用例的独立性和可重复性,避免一个测试用例的失败对其他用例产生影响。要实现测试用例的原子化,需要对测试用例进行精细的设计和拆分。每个测试用例应该只关注一个特定的功能或行为。测试用例的颗粒度要适宜,如果测试用例过于粗糙,可能会导致测试覆盖率不足,遗漏一些重要的测试点。如果测试用例过于细致,可能会导致测试用例数量过多,功能点重复覆盖,测试效率低下,同时也会增加测试用例设计的难度及测试用例维护的复杂度。

(6) 可回归。可回归是指测试用例可以在任何时间、任何环境下进行回归测试,并且在没有缺陷的情况下测试结果应该是一致的。同一条件下,不同人回归的结果应该是一致的,这样可以确保测试用例的可重复性和稳定性。在不同时间内进行回归测试,测试结果也应该是一致的。使用满足条件的任何数据进行的回归测试,其结果也应该是一致的。

(7) 独立。每个测试用例都应该能够独立地验证软件系统的功能和性能,而不受其他测试用例的影响。

(8) 正交。正交原则是指在设计测试用例时,要尽可能全面地覆盖测试需求,避免重复测试,确保测试设计的有效性和低成本。在测试执行阶段不要重复验证同一个测试点。在实际项目中适当的重复验证是合理的,但过度重复验证会浪费时间和资源,也容易忽略了其他潜在的问题。

6.2 测试用例的内容

以"大理农文旅电商系统"为被测试系统,使用国产开源项目管理工具禅道进行测试用例的创建与管理。

禅道中创建测试用例的入口在"测试"选项下的"建用例"模块中,如图 6.1 所示。

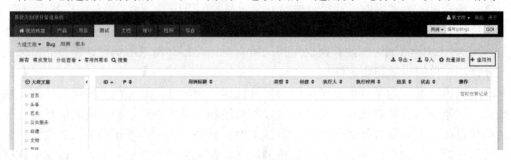

图 6.1 测试选项

"建用例"界面中包含创建用例所需要的信息,如"所属产品""所属模块""用例类型""相关需求""前置条件""用例步骤"等信息,如图 6.2 所示。

图 6.2 建用例界面

"建用例"界面包含较多内容,下面对该界面中的各项内容进行详细讲解。

所属产品:该测试用例所测试的产品,如果在前边操作中已经选定产品,这里会自动填入;也可在这里根据需要在下拉列表框中选择系统中的产品。该字段用于标识测试用例所属的特定产品(或项目)。这个字段有助于将测试用例与特定的软件产品关联起来,从而更好地组织和跟踪与该产品相关的测试工作。

所属模块:该字段用于标识测试用例所属的特定软件模块。这个字段有助于将测试用例与软件架构中的特定部分关联起来,从而更好地组织和跟踪与该模块相关的测试工作。

测试用例测试的功能模块，可在下拉选项框中选择模块填入。

用例类型：该字段用来对测试用例进行分类。通过为测试用例指定相应的类型，可以更好地组织和管理测试用例，使其更易于理解和使用。可以根据测试的目的、方法、范围等选择合适的类型。禅道中提供了"功能测试""性能测试""配置相关""安装部署""安全相关""接口测试""其他"等类型，可以根据测试的目的，将测试用例分为上述类型之一。

适用阶段：该字段用于标识测试用例适用于软件测试的哪个阶段。这个字段有助于更好地组织和跟踪在不同开发阶段所需的测试工作。由于一个测试用例往往可以适用于不同的阶段，因此该字段可在"单元测试阶段""功能测试阶段""集成测试阶段""系统测试阶段""冒烟测试阶段""版本验证阶段"中组合选择。

相关需求：通过该字段将测试用例与对应测试需求关联起来，这有助于确保测试用例覆盖了所有的需求，从而保证软件的质量和功能符合用户期望。通过关联需求以便进行需求跟踪、变更管理和验证等操作。需求可以在"产品"模块中创建。

用例标题：该字段用于简明扼要地描述测试用例的意图和主要内容。标题不要过于冗长，要突出被测功能点、测试类型等信息，通过标题可以快速理解测试用例的描述内容和预期结果。一个好的测试用例标题，可以让开发人员、测试人员和项目管理人员快速了解测试用例的内容和目的，从而更好地协作和沟通，提升工作效率。

优先级：该字段用于标识测试用例的重要性和紧急程度。优先级高的测试用例通常比优先级低的测试用例更早执行。禅道提供 4 个等级的优先级，取值为 1~4 级，数字越低优先级越高。如表 6.1 所示。

表 6.1 优先级说明

序号	优先等级	说明
1 级	核心优先级	核心功能，或者影响软件业务流程完整性功能的测试用例，此部分测试用例如果验证不通过，那么用户所关心的核心业务无法实现，或者会阻碍大部分其他测试用例的验证。如例子中的用户登录、产品管理、商家管理、用户管理等。此类用例往往会用在冒烟测试的测试用例
2 级	高优先级	软件中最常用功能的测试用例，此类用例验证软件重要或者主干流程的功能稳定、功能正确。如输入数据的类型检查、用户注册时用户名唯一性检查、数据范围检查等
3 级	中优先级	全面验证软件各个方面的测试用例。如软件业务流程中容错测试、数据展示测试等
4 级	低优先级	不影响软件业务功能、不影响用户使用那部分软件功能的测试用例，如易用性、界面设计、错误信息等

前置条件：该字段用于指定在执行测试用例之前必须满足的条件。前置条件有助于确保测试用例在预期的环境和状态下运行，从而得到准确可靠的结果。通过定义前置条件，确保测试结果的一致性。如要验证登录功能，那么系统中要存在可用的用户及密码。

用例步骤：该字段用于详细描述进行测试的过程。这些步骤应该清晰、详细，并确保测试人员能够准确地执行测试。每一步都应包括特定的输入、操作，以及预期的输出，以确保测试的准确性和完整性。如操作步骤中包含输入数据,应该给出具体的数据或者明确的输入条件。如测试用户登录,应给出明确的账号和密码,不能写成像"输入正确的账号和密码"这样模糊的数据描述。

预期输出:在执行测试步骤时预期的结果或行为。预期输出是测试用例的重要组成部分,它描述了测试用例期望的结果,是用于判断测试用例是否通过的标准。如果实际输出符合预期输出,则测试通过,否则测试失败,需要进一步调查和修复。由于"预期输出"的重要性,在书写时除了要满足描述精准,以及可判定的原则外,还需要保证"预期输出"是真实的,即"预期输出"应该是在充分理解需求和功能的前提下,认真分析输入和操作后再确定的预期结果,不能是主观臆断的。

6.3 用例设计方法的选择

为了最大限度地发现程序存在的缺陷,同时也为了最大限度地减少程序遗留的错误,在测试实施之前,测试工程师必须确定将要采用的测试策略和测试方法,并以此为依据制订详细的测试方案。通常,一个好的测试策略和测试方法必将使整个测试工作事半功倍。如何才能确定好的测试策略和方法呢?通常,在确定测试方法时,遵循以下原则。

(1) 根据程序的重要性和一旦发生故障将造成的损失程度来确定测试等级。
(2) 认真选择测试策略,以便尽可能少地使用测试用例,发现尽可能多的程序错误。

因为一次完整的软件测试过后,如果程序中遗留的错误过多并且严重,则表明该次测试是不足的,而测试不足则意味着让用户承担隐藏错误带来的危害,但测试过度又会带来资源的浪费。因此,测试需要找到一个平衡点。测试用例的设计方法不是单独存在的,具体到每个测试项目里都会用到多种方法。在实际测试中,综合使用各种方法才能高效率、高质量地完成测试。以下是各种测试方法选择的综合策略。

(1) 进行等价类划分,包括输入条件和输出条件的等价类划分,将无限测试变成有限测试,这是减少工作量和提高测试效率的最有效方法。
(2) 在任何情况下都必须使用边界值分析方法。经验表明用这种方法设计出的测试用例发现程序错误的能力最强。
(3) 采用错误推测法再追加测试用例。
(4) 对照程序逻辑,检查已设计出的测试用例的逻辑覆盖程度。如果没有达到要求的覆盖标准,应当再补充足够的测试用例。
(5) 如果程序的功能说明中含有输入条件的组合情况,则应选用因果图法。

以"大理农文旅电商系统"后台管理系统中的"修改密码"功能为例子,如图6.3所示,展示如何选择合适的测试用例设计方法,以及如何设计具体的测试用例。在开始设计测试用例前,首先要明确"修改密码"的功能具体需求,要保证设计的测试用例能符合需求。这里通过该功能的界面,并做一些功能上的假设,简单还原功能需求。"修改密码"的功能需求如下。

(1) 修改密码前应该需要正确地输入用户当前的密码,如果不正确,单击"确定"按钮时提示"原密码错误"。
(2) 新密码长度必须满足大于等于6个字符、小于等于16个字符,并且密码必须混合使用字母和数字,如果不一致,单击"确定"按钮时提示"新密码必须满足长度在 6~16 之间、同时包含数字和字母,不包含其他字符"。

(3) 确认输入密码的与新密码一致,如果不一致,单击"确定"按钮时提示"两次输入密码不一致"。

(4) 当单击输入框后,未输入密码,单击"确定"按钮时提示"对应输入框为空"。

(5) 单击"确定"按钮后,如果原密码正确,新密码满足要求,并且确认密码中的输入与新密码一致时,完成修改密码功能,并提示"修改密码成功,下次登录系统时生效"。

(6) 如果有多个条件未满足,按照"原密码""新密码""确认密码"的顺序提示。

图 6.3　修改密码功能

设计测试用例的流程如下。

(1) 测试需求分析。拿到软件的需求规格说明书后,从软件需求文档中,找出待测试软件/模块的需求,通过分析、理解,整理成为测试需求,清楚被测试对象具有哪些功能。明确测试用例中的测试集用例与需求的关系,即一个或多个测试用例集对应一个测试需求。

(2) 业务流程分析。分析完需求后,明确每一个功能的业务处理流程,不同的功能点构成业务的组合,以及项目的隐式需求。如遇复杂的测试用例,设计前,为了不遗漏测试点,先画出软件的业务流程。如果设计文档中已经有业务流程设计,可以从测试角度对现有流程进行补充。如果无法从设计中得到业务流程,测试工程师应通过阅读设计文档,与开发人员交流,画出业务流程图。

(3) 测试用例设计。完成了测试需求分析和软件流程分析后,开始着手设计测试用例。

这里将测试需求分析、业务流程分析合并为功能分析。在真实项目中,根据软件功能的复杂度可自行调整步骤,如果软件中有涉及功能节点较多的业务流程,可以使用场景图法完成业务流程分析,并设计相应测试用例。

1. 功能分析

从功能描述与界面可以识别出两大类测试对象,分别是密码输入框和确定按钮。

这里划分测试对象的标准是,对该功能的测试是否会涉及软件中的其他功能。通过划分,不涉及其他功能的对象适用等价类划分法、边界值法等测试用例设计方法;涉及其他软件功能的对象适用判定表法、因果图法等测试用例设计方法。

现在分析一下"修改密码",会发现使用"原密码""新密码""确认密码"三个输入框即可完成自身功能，不需要其他功能的支持，那么这三个输入框可以分为一类。"确定"按钮所代表的"密码修改"功能，涉及三个密码输入框的各种情况的组合，那么"确定"按钮单独分为一类。如图6.4所示。

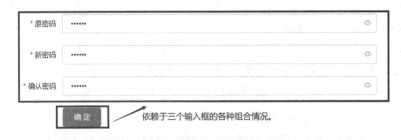

图6.4 需要满足的条件

完成测试对象的划分，划分的依据是什么？或者说划分标准背后的逻辑是什么？这个问题的答案，就是等价类划分法、边界值分析法、判定表法、因果图法所适用的范围，或者说他们各自的特点。等价类划分方法和边界值分析方法着重考虑输入条件，而不考虑输入条件的各种组合，也不考虑输入条件之间的相互制约的关系。判定表法、因果图法在设计测试用例的过程中，考虑了输入与输入、输入与输出之间存在约束关系。

从这里可以看出，只要掌握了不同测试用例设计方法自身适用范围，就能灵活地根据软件功能来划分测试对象类别，并选择合适的用例设计方法。在此基础上，若面对更为复杂的软件功能，还可以进一步地对测试对象进行划分。以"涉及其他软件功能的对象"为例，进一步划分的标准为"该功能涉及的其他软件功能，在操作上是否有时序性(或者是否有先后顺序)"。如果有时序性，这种类型的功能可以使用场景图法进行测试用例的设计，没有时序性则适合判定使用表法、因果图法等。测试用例设计方法的适用场景如表6.2所示。

表6.2 测试用例设计方法

测试用例设计方法	适用场景
等价类划分法、边界值分析法	等价类划分方法和边界值分析方法着重考虑输入条件，而不考虑输入条件的各种组合，也不考虑输入条件之间的相互制约的关系
因果图法、判定表法	判定表法、因果图法在设计测试用例的过程中，考虑了输入与输入、输入与输出之间存在约束关系。先通过分析输入与输入间、输入与输出间的依赖关系画出因果图，再依据因果图得到判定表
场景图法	场景图法能够清晰地描述复杂的业务逻辑，尤其是涉及的多个功能或操作之间有时序关系时
错误推测法	用其他方法设计测试用例，再使用错误推测法补充用例

2. 测试用例设计

在确定了三个密码输入框使用等价类划分法、边界值分析法、因果图法、判定表法来设计测试用例后，完成测试用例的设计的步骤如下。

步骤一：根据需求描述，为"原密码""新密码""确认密码"设计等价类表，如表6.3所示。

表 6.3　修改密码功能的等价类表

输入条件		有效等价类编号	有效等价类	无效等价类编号	无效等价类
原密码	输入原密码	A1	正确密码	B1	空
				B2	错误密码
新密码	密码长度	A2	[6,16]	B3	空
				B4	[1,5]
				B5	大于 16
	字母和数字	A3	只包含字符和数字	B6	只有数字
				B7	只有字符
				B8	其他符号
确认密码	确认密码一致性	A4	与新密码一致	B9	空
				B10	与新密码不一致

步骤二：完成等价类表后还不能开始设计测试用例，由于"修改密码"功能涉及前边三个密码输入框的各种组合，可以先完成"修改密码"功能的分析后，综合来设计测试用例，避免重复设计测试用例，造成冗余。由于"修改密码"的条件较多，这里先使用如图 6.5 所示的因果图分析"修改密码"功能。

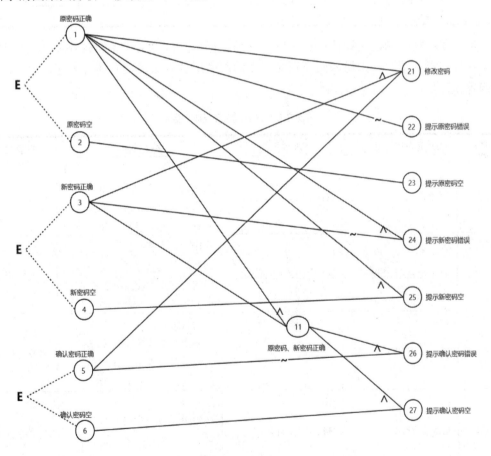

图 6.5　因果图

步骤三：根据因果图生成判定表，如表 6.4 所示。

表 6.4 判定表

条件桩-动作桩		序号						
		1	2	3	4	5	6	7
条件	原密码正确吗？	1	0	0	1	1	1	1
	新密码正确吗？	1	—	—	0	0	1	1
	确认密码正确吗？	1	—	—	—	—	0	0
	原密码为空吗？	0	0	1	0	0	0	0
	新密码为空吗？	0	—	—	0	1	0	0
	确认密码为空吗？	0	—	—	—	—	0	1
动作	修改密码	√						
	提示原密码错误		√					
	提示原密码为空			√				
	提示新密码错误				√			
	提示新密码为空					√		
	提示确认密码错误						√	
	提示确认密码为空							√

步骤四：根据判定表设计测试用例，并列出每个测试用例覆盖的有效等价类和无效等价类，根据覆盖情况，为遗漏的类别添加新的测试用例，保证没有遗漏内容，设计用例思路如表 6.5 所示。

表 6.5 设计测试用例思路

编号	决策表对应动作	覆盖情况	操作说明	覆盖类型
C1	修改密码	A1、A2、A3、A4	原密码正确； 新密码只包含字母和数字； 新密码长度在[6, 16]之间； 确认密码与新密码一致	有效等价类
C2	提示原密码错误	B2、A2、A3、A4	原密码输入错误； 新密码只包含字母和数字； 新密码长度在[6, 16]之间； 确认密码与新密码一致	无效等价类
C3	提示原密码为空	B1、A2、A3、A4	原密码为空； 新密码只包含字母和数字； 新密码长度在[6, 16]之间； 确认密码与新密码一致	无效等价类
C4	提示新密码错误	B4、A1、A4	原密码正确； 新密码只包含字母和数字； 新密码长度在[1, 5]之间； 确认密码与新密码一致	无效等价类

续表

编号	决策表对应动作	覆盖情况	操作说明	覆盖类型
C5	提示新密码错误	B5、A1、A4	原密码正确； 新密码只包含字母和数字； 新密码长度大于16； 确认密码与新密码一致	无效等价类
C6	提示新密码错误	B6、A1、A4	原密码正确； 新密码只包含数字； 新密码长度在[6, 16]之间； 确认密码与新密码一致	无效等价类
C7	提示新密码错误	B7、A1、A4	原密码正确； 新密码只包含字母； 新密码长度在[6, 16]之间； 确认密码与新密码一致	无效等价类
C8	提示新密码错误	B8、A1、A4	原密码正确； 新密码中包其他符号； 新密码长度在[6, 16]之间； 确认密码与新密码一致	无效等价类
C9	提示新密码为空	B3、A1、A4	原密码正确； 新密码为空； 确认密码为空	无效等价类
C10	提示确认密码错误	B10、A1、A2、A3	原密码正确； 新密码只包含字母和数字； 新密码长度在[6, 16]之间； 确认密码与新密码不一致	无效等价类
C11	提示确认密码为空	B9、A1、A2、A3	原密码正确； 新密码只包含字母和数字； 新密码长度在[6, 16]之间； 确认密码为空	无效等价类

步骤五：设计测试用例表。注意：输入数据应该给出具体的数据。这里需要给出明确的原密码、新密码、确认密码、错误的原密码、错误的新密码、错误确认密码。这些数据按照表6.5的分析可以比较容易地设计出来，但是有些数据不能只设计出来就可以了，还需要作为基础数据预先保存在系统中，如测试用的账号信息，这类数据就可以作为"前置条件"的内容，这是保证测试用例顺利执行的前提条件。测试用例如表6.6所示。

表6.6 测试用例表

序号	输入数据	预期结果	实际测试结果
1	原密码：test123456 新密码：1qaz2wsx 确认密码：1qaz2wsx	单击"确定"按钮，提示"密码修改成功"	

续表

序号	输入数据	预期结果	实际测试结果
2	原密码：xyz12345 新密码：test123456 确认密码：test123456	单击"确定"按钮，提示"原密码错误，请重新输入"	
3	原密码： 新密码：1qaz2wsx 确认密码：1qaz2wsx	单击"确定"按钮，提示"原密码不能为空"	
4	原密码：1qaz2wsx 新密码：12abc 确认密码：12abc	单击"确定"按钮，提示"新密码长度应在6～16个字符之间"	
5	原密码：1qaz2wsx 新密码：1234567890abcdefg 确认密码：1234567890abcdefg	单击"确定"按钮，提示"新密码长度应在6～16个字符之间"	
6	原密码：1qaz2wsx 新密码：123456 确认密码：123456	单击"确定"按钮，提示"新密码应包含字母和数字"	
7	原密码：1qaz2wsx 新密码：abcdef 确认密码：abcdef	单击"确定"按钮，提示"新密码应包含字母和数字"	
8	原密码：1qaz2wsx 新密码：123,abc 确认密码：123,abc	单击"确定"按钮，提示"新密码应包含字母和数字"	
9	原密码：1qaz2wsx 新密码： 确认密码：	单击"确定"按钮，提示"新密码不能为空"	
10	原密码：1qaz2wsx 新密码：test123456 确认密码：xyz123456	单击"确定"按钮，提示"确认密码与新密码不一致，请重新输入"	
11	原密码：1qaz2wsx 新密码：test123456 确认密码：	单击"确定"按钮，提示"确认密码不能为空"	

步骤六：完成测试用例的设计后，在禅道系统中完成用例的填写，如图6.6所示。

这里要注意的是"前置条件"中一定要根据当前测试用例的需要，填写相应的内容，如本用例是测试密码修改功能，一定是登录到系统后才能测试，那么当前登录的账号就是进行测试的前置条件，必须明确地把账号信息给出来。

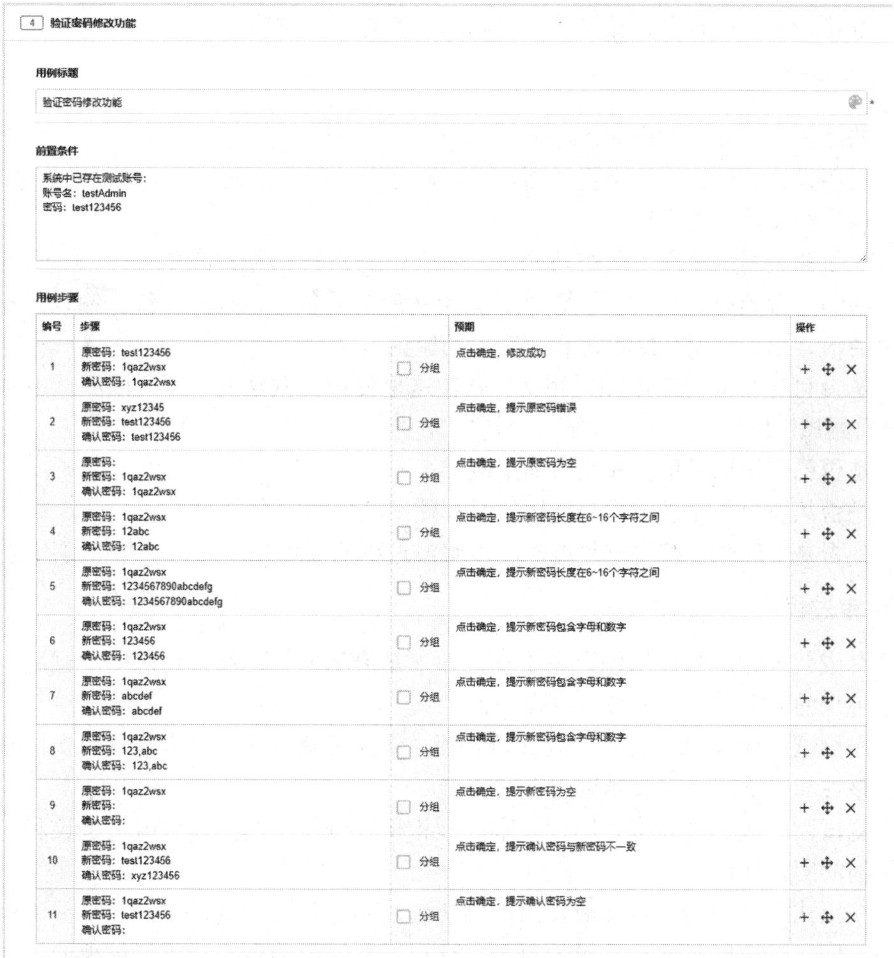

图 6.6　用例录入禅道

6.4　测试用例的评审

测试用例是软件测试的核心，是确保软件质量的重要手段。然而，测试用例的设计涉及用例开发人员的设计经验和对需求理解的认知，为了确保测试用例的质量，对测试用例进行评审就显得尤为重要。

1. 评审目的和内容

测试用例评审的目的是发现和纠正测试用例中存在的问题和缺陷，从而提高测试用例的质量和有效性。通过评审，可以检查测试用例的完整性、可读性、可执行性及正确性，确保测试用例符合测试需求和标准。另外，评审测试用例还可以促进开发团队成员之间的交流与合作。通过评审，开发人员和测试人员可以更好地理解彼此的关注点和需求，及早发现因为背景差异而导致的不同理解，避免后期不必要的返工，从而提高软件的质量和开发效率。因此，测试用例的评审对于软件测试来说是至关重要的。

测试用例评审的内容，是围绕测试用例设计的二八原则展开的，即是否满足基于需求、场景化、描述精准、可判定、原子化、可回归、独立、正交等。

2. 评审准则

具体的测试用例评审准则如下。

(1) 用例设计的结构安排是否清晰、合理,是否有利于高效率对需求进行覆盖。
(2) 优先级安排是否合理。
(3) 是否覆盖测试需求上所有功能点,并确定是否符合测试需求。
(4) 用例是否具有很好的可执行性。如用例的前提条件、执行步骤、输入数据和期待结果是否清晰、正确。期待结果是否有明显的验证方法。
(5) 是否包含充分的负面测试用例。若在这里使用二八法则,那负面测试用例数量要4倍于正面测试用例。
(6) 是否已经删除了重复和冗余的用例。
(7) 是否从用户层面设计用户使用场景和使用流程。
(8) 是否复用性强。可将重复度高的步骤或过程抽取出来定义为一些可复用的步骤。

3. 评审过程

要富有成效地完成测试用例评审工作,而不是流于形式,那么规范的测试用例评审过程是必不可少的。测试用例的评审过程如下。

(1) 在测试用例开发完成后,测试团队领导或相关负责人会审查测试用例,确保测试用例的完整性和正确性,完成测试用例的初审。
(2) 测试团队成员之间进行同行评审,互相检查测试用例,提出改进建议和问题,完成测试用例的同行评审。
(3) 在正式测试用例评审会前发出用例初稿,确定参与用例评审人员,并明确测试用例评审的内容、评审的时间、评审的范围、评审需要达成的目标、评审结束的标准、各参会角色的职责、测试用例评审表等,这样做的目的是让参会者能提前了解评审内容及需要完成的工作,确保评审工作高效性。
(4) 在完成准备工作后,测试团队会组织相关开发人员、产品经理、质量保障人员等参与测试用例的评审,以确保测试用例的全面性和有效性。这就是正式测试用例的评审会。
(5) 在评审会中,介绍测试人员对软件核心功能、业务的理解;对每个模块测试用例进行评审时,按测试项分类,如UI、兼容测试、核心功能、基础功能、边界测试和异常测试等进行介绍。要明确用例的设计原则、侧重点、优先级安排、覆盖率等内容,让参与人员对测试用例设计有一个整体上的认知。
(6) 在测试用例评审会完成后,可能需要记录和整理评审过程中发现的问题和提出的建议。在评审会议期间,记录与会者对测试用例的设计提出的各种问题和建议。在评审会议结束后,需要对记录的问题进行整理,以形成一个清晰、有条理的问题列表。
(7) 根据评审结果,对测试用例进行完善和优化,以提高测试的准确性和效率。
(8) 当所有参与者对测试用例都没有异议时,可以结束评审流程,并将最终版本的测试用例提交给测试执行团队进行测试工作。

通过以上步骤,测试用例的评审可以确保测试用例的质量和有效性,从而提高软件测试的效果。

知 识 自 测

实 践 课 堂

任务一：在禅道中管理项目的测试用例

分工协作，测试"大理农文旅电商系统 V1.0"，根据编写好的测试需求，运用测试用例设计方法，在禅道中记录你所负责模块下的功能测试用例。请选取模块 4 任务二中所完成的典型功能点测试需求，对其进行分析，并详细记录下该功能的测试用例。

用例编号： 用例标题： 前置条件： 操作步骤(明确设计出输入数据)： 预期输出： 用例优先级：
用例编号： 用例标题： 前置条件： 操作步骤(明确设计出输入数据)： 预期输出： 用例优先级：

任务二：完成测试用例数量统计

在禅道管理系统中，小组成员交叉依次执行设计的测试用例，将不通过的测试用例转为缺陷，在下面表格中填写测试用例的数量统计情况。

需求/功能点	用例个数	执行总数	未执行数	执行率(%)	转缺陷总数

学生自评及教师评价

学生自评表

序 号	课堂指标点	佐 证	达 标	未达标
1	测试用例的概念	阐述出测试用例的概念		
2	测试用例的内容	能够有效编写出测试用例的内容		
3	测试用例的优先级	辨析测试用例的优先级		
4	测试用例的评审	小组合作完成软件测试用例的评审		
5	规范编写测试用例	能够使用管理工具编写测试用例		
6	质量保障意识	注重细节,精益求精		
7	科学精神	应用逻辑思维分析与解决问题的能力		
8	协作精神	注重团队协作,有良好的沟通表达能力		

教师评价表

序 号	课堂指标点	佐 证	达 标	未达标
1	测试用例的概念	阐述出测试用例的概念		
2	测试用例的内容	能够有效编写出测试用例的内容		
3	测试用例的优先级	辨析测试用例的优先级		
4	测试用例的评审	小组合作完成软件测试用例的评审		
5	规范编写测试用例	能够使用管理工具编写测试用例		
6	质量保障意识	注重细节,精益求精		
7	科学精神	应用逻辑思维分析与解决问题的能力		
8	协作精神	注重团队协作,有良好的沟通表达能力		

模块 7

跟踪记录缺陷

教学目标

知识目标

◎ 掌握软件缺陷的定义、缺陷的类型、缺陷的流转状态及缺陷的管理。
◎ 理解软件缺陷记录的内容。
◎ 了解缺陷产生的影响和缺陷管理工具。

能力目标

◎ 能够按规范编写出好的软件缺陷。
◎ 准确评估缺陷的严重程度和修复优先级。
◎ 具备缺陷跟踪管理能力。
◎ 能够对缺陷进行统计分析。
◎ 能够选择合适的缺陷管理工具开展缺陷记录与管理工作。

素养目标

◎ 培养学生敬业、负责、公正的软件测试工作态度。
◎ 培养学生的团队协作精神表达和沟通能力。
◎ 培养学生分析问题、解决问题的能力。

知识导图

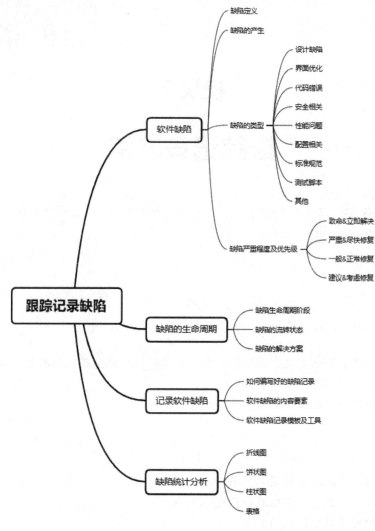

知识准备

软件测试执行及
缺陷记录(微课)

7.1 软件缺陷

7.1.1 缺陷的定义与产生

软件缺陷是评估被测试系统质量情况的要素和指标。缺陷的存在会导致用户不能或者不方便操作软件的功能，软件产品在某种程度上就不能够满足用户的需求。IEEE (Institute of Electricaland Electronics Engineers，电气电子工程师协会)国际标准 729-1983 对软件缺陷给出了标准化的定义：从产品内部看，缺陷是产品开发或维护过程中存在的错误、毛病等各种问题；从产品外部看，缺陷是系统运行过程中某种功能的失效或违背。

在软件工程项目开发的过程中，软件开发人员思想上的主观局限性，以及现在开发的软件系统都比较庞大和复杂，这就导致在开发过程中出现软件缺陷是不可避免的。引起软件缺陷的原因比较复杂，有软件自身的问题，有技术问题，有项目管理上的问题，也有团队沟通的问题。出现软件缺陷的主要原因如下。

(1) 在需求定义阶段，软件用户与产品团队的沟通不深入，在产品功能上还没有构思清楚，在设想过程中，很难构想得很完美，导致后期误差被放大。

(2) 产品团队与软件研发团队成员的沟通存在较大困难，系统设计可能存在不合理性，难以面面俱到，容易忽视某些软件质量特性要求，导致有些功能不可能或无法实现。

(3) 部分项目管理基于成本考虑压缩了项目进度，软件研发团队疲于奔命地完成某项任务，存在重速度轻质量，任意修改设计，不遵守软件项目开发准则的问题。

(4) 软件开发工程师缺乏经验，对复杂的程序逻辑处理不当，对数据范围的边界考虑不够周全，以及算法错误或没有进行优化，从而造成软件缺陷。

(5) 软件项目规模庞大，模块或组件多，接口参数多，团队成员之间配合不好，容易出现不匹配，精度不够或性能低下的问题。未考虑时间同步、大数据量和用户特殊操作等。

(6) 站在项目规范的角度，贫乏或者差劲的文档会使得代码的维护和修改变得异常艰辛，其结果是带来许多错误。

(7) 用户有时并不了解需求变化所带来的后果，它会增加项目操作的复杂性和不确定性，会造成重新设计或者日程调整，由于软件之间的依赖关系，已完成工作可能会被重做，整个项目环境可能要因此改变，导致更多问题的出现。

常见的软件缺陷有：软件功能没有实现或与软件需求规格说明不一致；软件的界面、消息提示、帮助信息不准确或会误导用户；屏幕的显示、导出或打印的结果不正确；软件无故退出或没有反应；与常用的硬件、操作系统或浏览器不兼容；边界条件未做处理，输入错误数据没有提示和说明；响应速度慢或占用资源过多等。

总之，从软件测试人员角度，只要软件出现如下情况，就证明软件存在缺陷。

(1) 软件未实现需求规格说明中要求的功能。

(2) 软件出现了需求规格说明中指明不该出现的错误。

(3) 软件实现了需求规格说明中未提及的功能，即超出当前项目范围。

(4) 软件未实现需求规格说明中未明确提及但在标准规范中应该实现的内容。

(5) 软件难以理解，不易使用，运行缓慢，或者最终用户(估计会)认为不好。

(6) 软件测试用例执行中发现的与预期结果不符的现象。

7.1.2 缺陷的类型

软件缺陷有很多，要对其进行有效的管理和分析，需要从不同角度对其进行分类。按照缺陷的发生阶段不同可以将缺陷划分为需求阶段缺陷、设计阶段缺陷、编码阶段缺陷和配置测试阶段缺陷。需求阶段的缺陷主要来源于冲突的、模糊不清的或者被忽略的需求。设计阶段的缺陷主要是由于混乱的设计，或者设计人员对需求没有清晰的认识。编码阶段缺陷出现的主要原因包括功能缺失或出错、内存溢出或性能效率低等。配置测试阶段缺陷出现的原因是复杂的，比较典型的是旧的代码覆盖了新的代码，或者测试服务器上的代码与开发人员本机的最新代码版本不一致。

按照测试类型具体可以将软件缺陷分为界面类、功能类、安全类、性能类、兼容性类等。在项目管理工具禅道中缺陷类型被定义为以下几种。

(1) 设计缺陷。由于产品人员或设计人员逻辑、功能、交互等方面设计得不合理导致的问题,属于设计缺陷。

(2) 界面优化。界面设计不合理、颜色不合适、显示位置不合适、文字说明或标题名称不合适等界面显示问题,属于界面优化问题。

(3) 代码错误。由于研发人员代码编写不合理或错误导致的问题,属于代码错误。

(4) 安全相关。由于数据有效性检测不合理、重要数据在传输中没有加密、缺少身份认证机制或认证不合理等安全相关的问题,属于安全相关缺陷。

(5) 性能问题。并发量、吞吐量、响应时间等不达标问题。

(6) 配置相关。由于环境配置不正确导致的问题,属于配置相关的缺陷。

(7) 标准规范。违反国家质量标准规范类别的缺陷。

(8) 测试脚本。白盒测试或自动化测试中发现的一些涉及代码或脚本本身的缺陷。

(9) 其他。不属于以上类型的问题,如兼容性问题、文档缺陷等可以选择此类型。

7.1.3 缺陷的严重程度及优先级

为了保障软件能够按期发布,在项目测试过程中需要按照缺陷的严重程度将缺陷划分为 4 个或者 5 个级别。例如,4 个级别分别为致命、严重、一般、建议,对应缺陷的严重程度。在项目时间较紧迫的情况下,项目团队可以按照解决缺陷优先级的不同将缺陷划分为立即解决、尽快修复、正常修复、考虑修复,如表 7.1 所示。

表 7.1 缺陷的严重程度及优先级

划分标准	缺陷类型			
严重程度	**致命**:阻断性缺陷,使软件业务操作瘫痪、影响其他功能或造成重要数据信息遗失,存在严重安全漏洞等	**严重**:违反了必要的需求规定,软件功能无法实现,或者界面的显示影响软件使用,存在影响安全的因素等	**一般**:软件功能可以实现但功能输入字段或提示信息存在错误,界面不美观或性能较低等	**建议**:界面不一致,存在字符错误、文档引导错误或兼容性、配置性问题等
优先级	**立即解决**:缺陷阻碍了开发或测试工作,务必在半天之内解决	**尽快修复**:缺陷阻碍了软件的部分应用,尽量在两天之内解决	**正常修复**:缺陷存在会影响使用,在版本发布之前修复	**考虑修复**:缺陷对软件影响小,时间允许则考虑修复

在实际的软件项目研发版本迭代过程中,通常应该保障致命和严重级别的缺陷全部被修复,若因特殊原因该类缺陷需要被延期解决的,则必须要在项目组内部讨论知晓的情况下,评估接受该缺陷可能产生的影响后,才允许延期解决并通过发版。根据项目的进度紧急与否,发版之前允许遗留少量一般和建议级别的缺陷,待下一次版本迭代时解决。被遗留的缺陷需要在撰写测试报告时进行汇报总结。

7.2 缺陷的生命周期

7.2.1 缺陷的生命周期阶段

软件测试在软件开发的周期中越来越重要，软件测试的过程就是不断地寻找缺陷，然后排除缺陷。软件缺陷的生命周期是指从缺陷被发现开始到被关闭结束，期间会经过多个阶段。对软件缺陷的生命周期进行状态跟踪管理是缺陷管理的重要内容。当一个缺陷被发现了之后，常规的缺陷流转阶段包括以下几步。

(1) 测试工程师填写缺陷记录，新建一个缺陷提交至测试经理审核。

(2) 测试经理作出初步判断，确认缺陷后将缺陷记录转研发经理审核。

(3) 研发经理确认缺陷并分配给对应开发人员，开发人员定位错误并处理解决缺陷后转给研发经理。

(4) 研发经理确认无误后统一发布修复了缺陷的测试版本，并将修复后的缺陷转给测试经理去组织测试工程师进行回归测试。

(5) 测试工程师进行回归测试后验证缺陷已修复，确认未引发新问题，则关闭缺陷。

在这个过程中缺陷经过了新建、确认、处理解决、回归、关闭 5 个正常阶段。你可以详细地看到项目团队成员解决这个缺陷的完整思路，但在实际的研发和测试过程中不是每一个缺陷的生命周期都能如此顺畅地进行，缺陷的状态流转还可能由于一些其他事件产生变化。缺陷的状态流转有时还会涉及多个部门角色。如图 7.1 所示，部分需求及设计方面的缺陷需要产品工程师来核实是否更新设计，由于产品需求和设计方面的问题需要重新研发会产生一定的时间和工作开销，因此对于有争议的问题需要产品、研发、测试三个部门的成员联合成立评委会来评估解决。

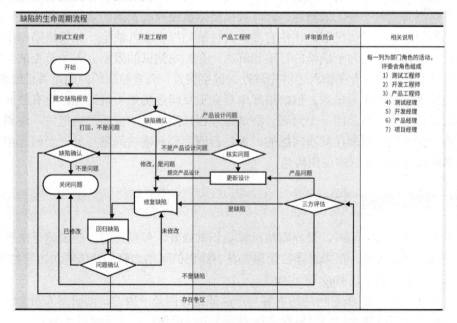

图 7.1 缺陷的生命周期流程

7.2.2 缺陷的流转状态

缺陷在新建、确认、处理解决、回归、关闭这 5 个阶段中有很多流转的状态走向，在项目测试管理的过程中缺陷的流转状态主要被定义为以下几种。

① 未确认(新建)状态：新发现的缺陷记录并提交到缺陷库，还未进行确认处理。
② 已确认状态：测试经理已经将缺陷指派给负责的开发人员。
③ 已打开状态：缺陷已被开发人员确认可以开始修复。
④ 已拒绝状态：开发人员认为当前提交的不是一个缺陷或者不认可的缺陷。
⑤ 已修复状态：开发人员将缺陷解决了，等待测试人员回归测试。
⑥ 已延期状态：短期内无法解决的缺陷，该缺陷将会在后续其他版本解决。
⑦ 重新打开状态：测试人员将已修复的缺陷在新版本上验证，发现问题依然存在。
⑧ 已关闭状态：测试人员将已修复的缺陷在新版本上验证通过了。

缺陷的流转状态和管理应该是灵活的，项目管理工具禅道中给出的缺陷流转过程除了正常的"测试提交 Bug=>开发确认 Bug=>开发解决 Bug=>测试验证 Bug=>测试关闭 Bug"，还可以是若 Bug 验证没有通过，则能激活"测试提交 Bug=>开发确认 Bug=>开发解决 Bug=>测试验证 Bug=>测试激活 Bug=>开发解决 Bug =>测试验证 Bug=>测试关闭 Bug"。

还有一个流程就是 Bug 关闭之后，相同的 Bug 又发生了，即"测试提交 Bug=>开发确认 Bug=>开发解决 Bug=>测试验证 Bug=>测试关闭 Bug=>测试重新激活 Bug=>开发解决 Bug=>测试验证 Bug=> 测试关闭 Bug"。

在缺陷的流转状态中特别说明以下问题。①缺陷的验证问题。新建缺陷后有一个验证过程，这是因为在实际测试工作中往往有多个角色会往缺陷库中提交缺陷。比如，在 IT 企业中除了测试工程师输入缺陷之外，还允许开发人员、技术支持人员、产品人员等往缺陷库中提交缺陷，这些人员的经验不如测试工程师丰富，可能因为理解问题的角度不同或者对软件不熟悉而输入一些无效问题，此时就需要测试经理对新建的缺陷进行确认。②输入重复缺陷的问题。一般情况下，往往有多个人往缺陷库中输入缺陷。如果缺陷库中输入了大量的重复问题，则不利于缺陷的管理和解决，会影响测试的效率。为了避免缺陷输入重复，往往要求缺陷输入者在输入之前先进行关键字搜索，查看相应的问题是否已经输入过，如果已经输入过则不必再输入。但缺陷库中存在重复问题仍然不可避免，更有些问题在表现上不同，在本质上却是同一个问题。测试经理在缺陷确认中应该严格把关，沟通并删除重复缺陷，而开发工程师在解决问题的时候，若遇到要解决的问题与另一个问题相同，则要在缺陷解决方案和备注中说明清楚。

7.2.3 缺陷的解决方案

开发人员在解决缺陷时，最好的情况就是正常修复，但是还有一些缺陷无法被修复，可能存在几种解决方案，在禅道项目管理工具中给出的可供选择的缺陷解决方案如下。

(1) 已解决。表示该 Bug 被正确修复了。
(2) 设计如此。若 Bug 所述的内容与产品或设计图是一致的，则研发人员会遵循产品部门的设计不修复或认为缺陷需要联合评委会评估，可备注：需求和设计如此。

(3) 无法重现。若是开发工程师无法重现的 Bug，没有更多的线索来证实此 Bug，则在将 Bug 置为已解决状态时指向测试人员去确认，并选择：无法重现解决方案。

(4) 重复的 Bug。即已经存在与此相同的 Bug，则开发工程师在将 Bug 置为已解决状态时，可选择：重复 Bug 解决方案，并可在备注中填写重复 Bug 的 ID。

(5) 延期处理。若开发工程师考虑到时间和技术局限等原因，觉得 Bug 需要延期进行处理，则选择：延期处理解决方案，并在备注内填写计划在哪个版本进行修复。

(6) 不予解决。若开发工程师在分析问题后觉得不是问题或者无须修改，则选择：不予解决，并在备注内写明不予解决的原因。

(7) 外部原因。若 Bug 的出现原因为外部原因(例如硬件、第三方软件等导致的问题)，开发工程师在将 Bug 置为已解决时，可选择：外部原因，并在备注中说明影响因素。

7.3 记录软件缺陷

7.3.1 如何编写好的缺陷记录

撰写出一份高质量的缺陷记录是确保能与开发工程师形成了有效的沟通。理想的缺陷记录应详尽，避免任何可能引起歧义的描述，从而使得开发工程师无需进一步询问就能准确找到问题所在。

首先，一定要站在开发工程师阅读该缺陷时的角度去思考和记录缺陷，语言表述必须要符合逻辑性，重现步骤要简单易读，有操作指导性，确保开发工程师按照所描述的步骤可以再现缺陷。其次，在记录缺陷时，要提供足够的错误环境信息，使得开发工程师既能够明确如何重现缺陷现象，又有足够的信息定位到问题的根源。必要的时候上传附件作为支撑，如软件运行日志、缺陷展示截图、网络抓包、声音、视频等。特别需要注意的是每个缺陷记录只能针对软件的一个功能中的一个问题进行描述。

缺陷记录要遵循 5C 原则。①准确(Correct)，确保每个要素部分的描述都准确，不会引起误解。②清晰(Clear)，确保文字描述清晰易理解。③简洁(Concise)，确保客观的而非主观性描述，只写必不可少的信息，不包括任何多余的内容。④完整(Complete)，确保包含复现该缺陷的完整步骤和本质信息。⑤一致(Consistent)，确保按照一致的格式书写全部缺陷记录。

7.3.2 软件缺陷的内容要素

为了方便理解、解决、回归、跟踪、分析软件缺陷，为软件缺陷定义了很多属性，如编号 ID、解决人、测试人、状态、所属功能模块、严重程度等。这些属性并不是在缺陷输入的时候全部指定的，而是随着软件缺陷的流转根据需要不断完善的。完整的缺陷记录应该包含的内容一般如表 7.2 所示。

缺陷记录中最关键的内容要素就是"问题描述"，这是开发人员重现问题、定位问题的依据。问题描述应该包括：标题、软件、硬件配置环境、测试用例具体输入数据、操作步骤、预期输出、当时实际输出的信息和相关日志等。测试提交的缺陷记录和测试用例一样，都是测试工程师的工作输出及绩效的集中体现。因此，提交优秀的缺陷记录是很重要的。

表 7.2 缺陷记录的内容要素

内容要素	含义	是否必须
缺陷编号 ID	每个缺陷是唯一的,分别对应唯一的 ID,便于追踪缺陷的完整生命周期	是
标题	精练地描述出缺陷的位置和现象,采用模块+功能+缺陷具体表现来说明	是
功能模块	结合具体软件产品特性,按照功能模块划分定位,给缺陷归类	是
测试环境	记录缺陷产生的硬件、软件(操作系统、浏览器)及网络环境	是
复现步骤	简洁描述如何复现操作出这个缺陷,可以引用测试用例的步骤	是
期望结果	正常操作应该产出的软件反应	是
实际操作结果	正常操作后,与期望相违背的缺陷现象,说明是一个缺陷	是
附件	附加的缺陷表现的证据,可以是图片、视频等	否
当前软件版本	当前缺陷产生所在的软件版本,缺陷只在当前版本有效	是
严重性	根据缺陷的严重性进行归类选择	是
优先级	根据缺陷的严重性进行修复先后顺序优先级的选择	是
缺陷状态	用于缺陷的跟踪,描述缺陷当前状态,比如未确认、已确认、已解决等	是
缺陷类型	根据缺陷所属类型进行分类,例如功能类、安全类、性能还是兼容性等	否
解决方案	开发工程师对缺陷修复的处理方案,决定着缺陷生命周期的走向	否
缺陷提交人	一般体现出报告缺陷的人员的名字或者缺陷管理系统账号名	是
缺陷提交时间	缺陷提交时间有助于追踪缺陷生命周期,需要精确到年/月/日/时/分	是
缺陷解决人	一般由研发经理统一分配给负责缺陷所在模块的开发工程师	是
缺陷关闭人	由测试工程师回归测试后将缺陷关闭的时间	是

7.3.3 软件缺陷记录模板及工具

缺陷一般是采用工具来进行管理和跟踪,测试团队在开展工作的时候可以根据软件项目的规模选择缺陷管理方式,用 Excel 表设计的缺陷记录模板如表 7.3 所示。具体缺陷字段可以由团队商议决定。注意在 Excel 表格中进行缺陷记录管理时要定期备份,以防数据丢失。

表 7.3 Excel 表格-缺陷记录模板

XX 软件系统-缺陷记录															
缺陷编号	软件版本号	所属功能模块	缺陷标题	缺陷重现步骤	附件	缺陷严重等级	处理优先级	测试环境	测试人员	提交日期	处理结果	处理人	处理日期	修改记录	验证人	验证记录	验证日期
1															
2															
3															
…															

用办公软件 Word 对云南大理农文旅电商系统 V1.0 版本进行缺陷记录管理的模板如表 7.4 所示。使用 Word 记录缺陷要在 Word 文档的目录页体现缺陷标题，便于检索查找。

表 7.4 Word 表格-缺陷记录模板

用例编号：	DL-XTPZ-23062311	缺陷状态：	New
产品名称：	云南大理农文旅电商系统	产品版本号：	V1.0
模块名称：	后台-用户管理	测试人员：	郭文欣
缺陷标题：	用户数据修改功能，头像格式未做限制，没有提示信息	测试日期：	2023-8-15
解决人员：		解决日期：	
缺陷类型：	1.设计缺陷__√__ 2.安全问题_____ 3. 代码错误 _____ 4.界面优化建议____			
严重级别：	1.紧急_____ 2.高 _____ 3.中等 _____√_____ 4.低 ____			
重现步骤： 1. 进入系统后台，单击"用户管理"，单击"修改"按钮。 2. 进入用户信息修改页面，单击用户头像字段。 3. 在操作系统对话框打开"对应文件"中，选择非图片格式的文件，单击"打开"按钮。 4. 系统自动上传该文件，无任何提示。 5. 单击"提交"按钮，系统提示操作成功，用户头像不显示。			
缺陷描述： 在"修改用户数据"界面中，应在修改或添加头像时，设计显示图片格式的约束，在以下情况时给出报错处理。 ✓ 系统界面应该用红字给出所上传图片文件的格式约束。 期望结果：界面信息："单击上传用户头像，支持 jpg、jpeg、gif、png、bmp 等格式的图片且图片小于 200K"。实际结果：界面信息："单击上传用户头像"。 ✓ 单击上传头像，如果用户指定了非图片格式的文件。 期望结果：系统应该自动屏蔽除图片格式以外的其他文件格式 实际结果：系统没有屏蔽非图片格式的文件。 ✓ 如果不指定必须为图片格式，任何其他格式的文件不应该被上传。 期望结果：系统应当弹出提示信息："上传的文件不是图片，请重新选择"。 实际结果：系统没有提示，且自动上传了非图片文件，显示如下图(附图)。			
变更记录： 			

在缺陷记录中要简明、清晰、分步骤描述出如何复现缺陷，步骤用序号编排。要按照自己操作的实际步骤写清楚每一步是怎么操作的，最后操作到哪个页面或者单击哪个按键。如果是在特定情况下发生的缺陷或问题，还需提供以下信息。

(1) 准确写出连续单击次数，单击时长与上下滑动屏幕时长。
(2) 对于特定数据产生的问题，提供具体数据。

(3) 精准描述缺陷产生的路径后，再描述期望结果和实际现象。

按照测试步骤应当得到的正确结果，按照产品需求的期望清晰准确的填写预期结果。而且结果必须是无异议、符合需求且可判定性的结果。特别提醒：期望结果不要包含测试步骤，而是简单的一个结果。按照测试步骤实际出现的错误结果，要避免使用"不正常"，"有误"等模糊词汇。特别提醒：期望结果和实际结果要相互对应。

缺陷管理是软件测试管理的基本功能，一般的项目管理工具中都含有缺陷管理模块，比如 ALM、JIRA、禅道等。市场上也有专门的免费开源的缺陷管理系统，比如 Bugzilla、Bugfree 等。缺陷管理工具的基本功能有测试用例、添加缺陷、修改缺陷、关联缺陷、缺陷跟踪和缺陷统计分析等。

使用项目管理工具——禅道进行缺陷记录的录入，看看禅道中一个缺陷包含哪些信息字段。进入"测试"选项，单击 Bug 标签，单击"提 Bug"按钮，如图 7.2 所示。

图 7.2　禅道记录缺陷的基本信息字段

测试中国电子的云南大理农文旅电商系统，记录前台注册功能中关于密码字段未进行需求设计约束的缺陷，如图 7.3 所示，录入密码只有 1 位，但是却能够注册成功，如图 7.4 所示。

图 7.3　大理农文旅电商系统前台注册功能缺陷记录

图 7.4　云南大理农文旅电商系统前台注册功能的缺陷

7.4　软件缺陷的统计分析

在项目团队进行一个版本的测试工作时，所提交的所有缺陷作为软件质量的重要指示变量，需要对其进行统计分析，以此来明确项目的质量情况，帮助管理者进一步做出决策。缺陷的统计和分析，可以用折线图、柱状图、饼状图等形式表示。如果使用禅道项目管理工具，在其统计模块的测试栏目中也可以自动进行缺陷汇总的统计与分析。

缺陷的整体数量趋势应该是随着时间的推移先增后降的，单位时间(每日或每周)内新发现缺陷的数量也应该是越来越少的，后期趋近于零。如果统计发现违反了规律，则可能是某环节出了问题，或是新修改的代码导致更多缺陷，也可能是前期的测试有遗漏，导致缺陷增多。如图 7.5 所示是某 IT 产品随着测试的推进，每日新增缺陷的统计图。

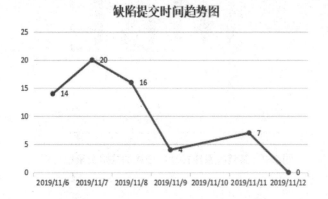

图 7.5　某 IT 产品每日新增缺陷统计图

缺陷的功能模块分布图,是根据产品的功能模块统计缺陷的数量或所占比例来分析的,如图 7.6 所示是某驾校系统按功能模块统计的缺陷数量。根据缺陷分布的二八原则,发现缺陷越多的模块,其隐藏的缺陷也更多,可以对缺陷较多的模块投入更多测试资源。对于缺陷较多的模块,要从其需求、设计、编码等方面分析并查找原因,并采取相应的措施。

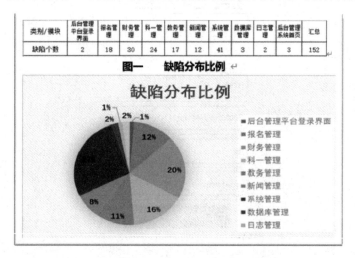

图 7.6　某驾校系统按功能模块的缺陷数量统计图

根据缺陷的严重程度给出目前每个功能模块的缺陷数量,对缺陷的状态进行分析,特别要对致命和严重缺陷比较多的模块进行关注。如图 7.7 所示是某驾校系统按功能模块的缺陷数量统计图。

缺陷类型分布报告主要描述缺陷类型的分布情况,看缺陷属于哪种类型的错误。这些信息有助于引起开发人员的注意,以及分析缺陷为什么会集中在这种类型。缺陷类型分布报告可以用表格(见表 7.5)表示,也可以用饼图(见图 7.8)表示。

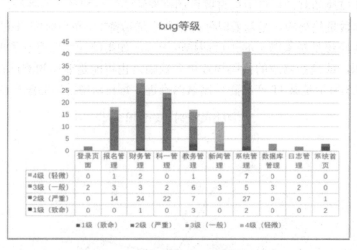

图 7.7　某驾校系统按功能模块的缺陷数量统计图

表7.5 缺陷类型统计

XX 系统-缺陷类型统计							
功能错误	UI 界面	代码异常	需求设计	安全相关	性能问题		合计
26	5	1	10	3			37 个

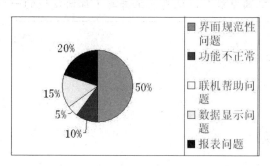

图 7.8 缺陷类型占比饼图

除了对缺陷进行统计，也可以在当前的软件版本测试运行一段时间时，对测试工程师执行测试用例的情况进行分析，来评估当前测试人员的工作效率和进度，如图 7.9 所示，这里统计了目前测试工程师设计提交的 168 个测试用例中，已经通过了 115 个，执行失败的测试用例 10 个，阻塞的测试用例 31 个，未执行的测试用例 12 个。测试经理可以重点关注阻塞和未执行的测试用例情况。

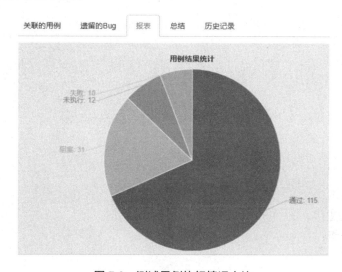

图 7.9 测试用例执行情况占比

知 识 自 测

实 践 课 堂

任务一：完成一个典型的缺陷记录

测试"大理农文旅电商系统"，认真记录并写下你所发现的一个典型缺陷。

产品名称：

缺陷编号 ID：
缺陷标题：

缺陷所属功能模块：
测试环境：

缺陷复现步骤：

期望结果：

实际操作结果：

当前软件版本：
缺陷的严重性：
缺陷的优先级：
缺陷状态：
缺陷类型：
缺陷提交人：
缺陷提交时间：

任务二：禅道中管理项目的缺陷记录及跟踪

分组协作测试"大理农文旅电商系统"。根据已编写好的测试用例，小组成员交叉依次执行测试用例。请将不通过的测试用例转为缺陷，也可以提交测试出的缺陷，再返回用例模块补充完善测试用例。下面请在禅道项目管理工具中，执行测试用例并提交缺陷，完成至少一个缺陷的完整流转过程。请记录如下测试过程。

1. 你负责的系统模块是_____。
2. 你发现的缺陷个数总共有_____个，其中致命级缺陷_____个、严重级缺陷_____个、一般级缺陷_____个、建议级缺陷_____个。
3. 请在你负责的系统模块中选择两个功能点，写下你的测试思路和功能优化建议，可以选择查询、新增、修改、删除、查看详情、上传、下载、翻页、添加购物车或立即购买等功能。

功能点一：

功能点二：

4. 请你根据项目团队测试情况，选择一个评价准则对现有缺陷进行统计，画出表格、饼状图或柱状图。

学生自评及教师评价

学生自评表

序 号	课堂指标点	佐 证	达 标	未达标
1	缺陷定义	阐述出软件缺陷的定义		
2	缺陷类型	阐述出各种缺陷的类型		
3	缺陷的流转状态	阐述出缺陷的生命周期状态流程		
4	缺陷的严重程度	能够准确评估缺陷严重程度和修复优先级		
5	缺陷记录内容	能够完整编写出准确、易理解的缺陷记录		
6	缺陷管理工具	能够使用缺陷管理工具跟踪管理缺陷		
7	缺陷的统计分析	根据不同指标进行缺陷分析生成统计图		
8	敬业、负责、公正	对产品的质量负责,客观公正地记录缺陷		
9	协作精神	换位思考,团队沟通,分工协作		

教师评价表

序 号	课堂指标点	佐 证	达 标	未达标
1	缺陷定义	阐述软件缺陷的定义		
2	缺陷类型	阐述出各种缺陷的类型		
3	缺陷的流转状态	阐述出缺陷的生命周期状态流程		
4	缺陷的严重程度	能够准确评估缺陷严重程度和修复优先级		
5	缺陷记录内容	能够完整编写出准确、易理解的缺陷记录		
6	缺陷管理工具	能够使用缺陷管理工具跟踪管理缺陷		
7	缺陷的统计分析	根据不同指标进行缺陷分析生成统计图		
8	敬业、负责、公正	对产品的质量负责,客观公正地记录缺陷		
9	协作精神	换位思考,团队沟通,分工协作		

模块 8

兼容性和易用性测试

教学目标

知识目标

- ◎ 掌握兼容性测试的定义及目的。
- ◎ 掌握兼容性测试的内容。
- ◎ 掌握易用性测试的定义及目的。
- ◎ 掌握易用性测试的内容。

能力目标

- ◎ 具备对软件系统开展兼容性测试的能力。
- ◎ 具备对软件系统开展易用性测试的能力。
- ◎ 具备软件交互性鉴赏和审美感知能力。

素养目标

- ◎ 培养学生系统思维，从多角度全面看待问题的意识。
- ◎ 培养学生注重细节，精益求精的软件质量保障意识。
- ◎ 培养学生的产品服务意识。

知识导图

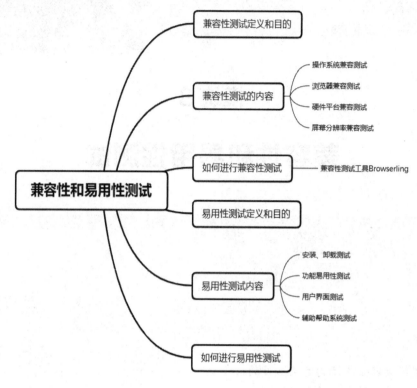

知识准备

8.1 兼容性测试

8.1.1 兼容性测试的定义

兼容性测试是指在不同的硬件、软件、操作系统、浏览器等环境下,对同一软件或系统进行测试,以验证其在不同环境下的兼容性和稳定性。

8.1.2 兼容性测试的目的

兼容性测试的目的是确保软件或系统在不同的环境下都能够正常运行,不会出现兼容性问题,从而提高软件或系统的可靠性和用户体验。

8.1.3 兼容性测试的内容

1. 操作系统兼容性测试

操作系统兼容性测试是软件兼容性测试的一个重要方面,旨在验证软件在不同操作系统上的兼容性。应用软件对操作系统的兼容性测试主要包括以下几个方面。

(1) 测试不同操作系统类型。测试人员需要测试软件在不同类型操作系统上的兼容性，如 Windows、Linux、Mac OS 等，对于移动端软件，需要测试不同的手机操作系统上的兼容性，如 Harmony OS、MIUI、Color OS、IOS 等。不同操作系统具有不同的特性和要求，兼容性测试可以验证软件在这些操作系统上的运行情况。

(2) 测试不同操作系统版本。测试人员需要验证软件在不同操作系统版本上的兼容性，包括最新版本和较旧版本。这可以确保软件能够在各种操作系统版本上正常运行，并支持所需的功能。

(3) 验证操作系统特定功能。某些软件可能会使用操作系统特定的功能或 API，兼容性测试需要验证软件在不同操作系统上使用这些功能时的兼容性。这可以确保软件在使用操作系统特定功能时不会出现错误或不一致性。

(4) 测试不同配置的操作系统。测试人员需要测试软件在不同配置的操作系统上的兼容性，如处理器、内存、硬盘、屏幕分辨率等方面的配置。这可以确保软件能够在各种配置的操作系统上正常运行，并有良好的性能。

(5) 验证操作系统更新和补丁的兼容性。操作系统经常会发布更新和补丁，兼容性测试需要验证软件在操作系统更新和补丁安装后的兼容性。这可以确保软件在操作系统更新后仍然能够正常运行，并与新的操作系统版本保持兼容。

通过进行操作系统兼容性测试，可以确保软件能够在不同操作系统上正常运行，并提供一致的用户体验。测试人员可以使用虚拟机、物理设备或云平台来模拟不同操作系统环境，并执行测试用例来验证软件的兼容性。

2. 浏览器兼容性测试

浏览器兼容性测试是一种评估网页或 Web 应用程序在不同浏览器和设备上的表现的方法。由于不同的浏览器和设备可能具有不同功能和技术支持水平，因此进行兼容性测试可以确保网页或 Web 应用程序在各种环境中都能正常运行和呈现。

以下是一些常见的浏览器兼容性测试方法和工具。

(1) 手动测试。可以手动在不同的浏览器和设备上打开网页或应用程序，并检查其在各个平台上的表现。这种方法需要耗费一定的时间和精力，但可以提供详细的测试结果。

(2) 自动化测试工具。有许多自动化测试工具可用于执行浏览器兼容性测试。这些工具可以模拟不同的浏览器和设备，并自动运行测试用例。一些常用的自动化测试工具包括 Selenium、Cypress 和 LambdaTest。

(3) 在线兼容性测试平台。有一些在线平台可以进行浏览器兼容性测试。上传网页或应用程序后，这些平台将自动在不同的浏览器和设备上进行测试，并提供测试结果和建议。一些常用的在线兼容性测试平台有 Browserstack、Browserling、Browsershots 和 CrossBrowserTesting。

在进行浏览器兼容性测试时，应该考虑以下几个方面。

(1) 浏览器支持。了解不同浏览器的版本和功能支持情况，确保你的网页或应用程序在主流浏览器(如 Chrome、Firefox、360、Edge 和 Safari 等)上都能正常运行。

(2) 设备兼容性。考虑设备的屏幕大小、分辨率和操作系统版本等因素，确保你的网页或应用程序在计算机、平板和移动设备上都能良好地呈现。

(3) 响应式设计。采用响应式设计可以使网页或应用程序根据不同设备的屏幕大小和方向进行自适应布局和样式调整。

（4）功能支持。某些浏览器可能不支持某些功能或技术，如某些 HTML5、CSS3 或 JavaScript 等特性。在进行兼容性测试时，确保你的网页或应用程序在不支持某些功能的浏览器上有合理的降级方案。

浏览器兼容性测试是确保网页或应用程序在不同浏览器和设备上都能正常运行和呈现的重要步骤。通过合适的测试方法和工具，可以及时发现和解决兼容性问题，提供更好的用户体验。

3. 硬件平台兼容性测试

所有软件都需向用户说明其运行的硬件环境，对于多层结构的软件系统来说，需要分别说明其服务器端、客户端及网络所需的环境。

硬件兼容性测试的目的就是确认对硬件环境的描述是否正确、合理。硬件兼容性测试需要确认以下几点。

（1）最低配置是否能够满足系统运行的需要。在最低配置下，所有的软件功能必须能够完整地实现，软件运行速度、响应时间应在用户能够忍受的范围内。在推荐配置下系统的响应要迅速。应当注意的是，推荐配置必须合理，一味地追求高配置，一方面可能掩盖软件的性能缺陷，另一方面限制了软件的应用范围也是不合理的。

（2）考察软件对运行硬件环境有无特殊说明，如对 CPU、网卡、声卡、显卡型号等有无特别声明。有些软件可能在不同的硬件环境中出现不同的运行结果或是在某些环境下根本就不能执行，如操作系统或数据库软件能否支持多个 CPU 协同工作、对内存的多少是否过于敏感等。

（3）为了满足不同的使用需求，软件系统能否运行在多种硬件配置环境下，并且系统功能和性能都能满足设计需求。这样的测试为企业的硬件选型与部署提供了依据。例如，是否可将 Web 服务器与数据库服务器部署在一台物理服务器上，或者需要将二者分别部署在不同的物理服务器上。再如，软件系统的客户端与服务器是否可采用企业专用网络通信。

4. 屏幕分辨率兼容性测试

屏幕分辨率兼容性测试是为了确保网页或应用程序在不同屏幕分辨率的设备上都能正常显示和运行。由于不同的设备可能有不同的屏幕大小和分辨率，因此进行屏幕分辨率兼容性测试可以确保你的网页或应用程序在各种环境中都能正常运行和呈现。

可以手动在不同分辨率的设备上打开网页或应用程序，并检查其在各个平台上的表现。大多数现代浏览器的开发者工具也提供了模拟不同屏幕分辨率的功能。例如，Chrome 的开发者工具中的"设备模式"可以模拟各种设备的屏幕大小和分辨率。

在进行屏幕分辨率兼容性测试时，考虑不同设备的屏幕大小、分辨率和操作系统版本等因素。确保网页或应用程序在桌面、平板和移动设备上都能良好的呈现。另外，要确保图像和其他页面元素在不同分辨率的屏幕上都能正常显示，不会出现失真或裁剪的情况。

8.2 如何进行兼容性测试

以在线兼容性测试工具 Browserling 为例，演示如何使用在线兼容性测试平台来进行与浏览器和屏幕等相关的兼容性测试。

Browserling 是一个在线的浏览器测试工具，允许开发人员在不同的浏览器和操作系统中测试他们的网站和 Web 应用程序。它提供了一个简单易用的界面，让用户能够快速方便地进行跨浏览器测试。下面是使用 Browserling 工具进行兼容性测试的操作步骤。

步骤 1，访问 Browserling 网站。

在浏览器中打开 Browserling 的官方网站(https://www.browserling.com/)，在 Browserling 的主页上，会看到操作系统、浏览器的选择器(Browserling 支持多种浏览器和操作系统，包括 Chrome、Firefox、Safari、Edge 等浏览器和 Windows、Android 等操作系统)。输入要测试的网址，选择你想要测试的浏览器和操作系统后单击"Test now!"按钮进行测试。如图 8.1 所示。

图 8.1　Browserling 的测试主页

步骤 2，兼容性测试。

以大理文旅网址 http://www.daliwenlv.com/为例，输入网址，Browserling 会打开一个新的浏览器窗口，等待一段时间，直到网页加载完成。在页面中，Browserling 的左侧提供了兼容性测试的一些选项，有操作系统、浏览器、屏幕分辨率、截屏功能、键盘功能、复制粘贴等测试选项，可以选择不同选项进行 Web 页面的兼容性测试。如图 8.2 所示。

图 8.2　Browserling 工具的兼容性测试

步骤 3，编写测试用例。

编写相应的浏览器兼容性、操作系统兼容性、屏幕分辨率兼容性等的测试用例。浏览器兼容性测试用例表如表 8.1 所示。

表 8.1 浏览器兼容性用例表模板

编号	用例环境	操作步骤/输入	期望输出	实际结果	备注
1	操作系统 Windows 10 浏览器 Chrome（版本：116）	(1) 使用 Browserling 工具中的浏览器 Chrome 打开大理文旅网站 (2) 观察大理文旅网站是否正常	大理文旅网站显示正常且所有功能能正常使用		
2	操作系统 Windows 10 浏览器 Edge（版本：115）	(1) 使用 Browserling 工具中的浏览器 Edge 打开大理文旅网站 (2) 观察大理文旅网站是否正常	大理文旅网站显示正常且所有功能能正常使用		
3	操作系统 Windows 10 浏览器 Firefox（版本：116）	(1) 使用 Browserling 工具中的浏览器 Firefox 打开大理文旅网站 (2) 观察大理文旅网站是否正常	大理文旅网站显示正常且所有功能能正常使用		
4	操作系统 Windows 10 浏览器 Safari（版本：5.1.5）	(1) 使用 Browserling 工具中的浏览器 Safari 打开大理文旅网站 (2) 观察大理文旅网站是否正常	大理文旅网站显示正常且所有功能能正常使用		

Browserling 在线测试工具提供多种操作系统、浏览器的测试环境。有效利用 Browserling 工具能提高兼容性测试的工作效率，简化兼容性测试工作环境的搭建。注意，Browserling 免费使用 3 分钟/会话，如果在实际工作中可根据情况购买相应的会员服务。

8.3 易用性测试

8.3.1 易用性测试的定义

软件的开发不仅追求技术上的正确性与先进性，更需注重其易用性。易用性，作为软件质量的关键指标，直接关乎用户的使用体验和软件的市场成功。它衡量的是软件产品被用户理解、学习、使用的便捷程度，以及吸引用户的能力。简而言之，易用性关乎用户在使用软件时是否感到方便、高效。

易用性是一个多维度的概念，它涵盖了易理解性、易学习性、美观性、一致性以及业务符合性等多个方面。一个易用的软件应当能够迅速被用户所掌握，并在使用过程中提供直观、一致的交互体验，同时符合用户的业务需求和审美期待。

对于具有复杂业务逻辑的应用系统而言，易用性测试尤为重要。这一测试过程不仅需要关注应用程序本身的易用性，还应包括用户手册等配套文档的易用性评估。易用性测试旨在通过模拟真实用户的使用场景，发现软件在易用性方面存在的问题，并提出改进建议，以提升用户的使用满意度和软件的市场竞争力。

8.3.2 易用性测试的目的

易用性测试的目的是评估应用程序的用户界面和交互设计，以确定其是否易于使用和满足用户需求，并能提供良好的用户体验。易用性测试的具体目的如下。

(1) 发现问题。可以发现用户在使用产品时遇到的问题、困惑和障碍。通过观察用户的行为和听取他们的反馈，可以找出设计上的缺陷、功能上的不明确或不直观之处。

(2) 改进设计。了解用户对界面布局、导航结构、标签和按钮等元素的理解和感受，可以帮助软件工程师改进用户界面的设计，使其更符合用户的期望和习惯。

(3) 验证设计。可以验证设计决策的有效性，即通过观察用户的行为和反馈，确定设计决策是否能够帮助用户完成任务，是否符合用户的认知和预期。

(4) 提高用户满意度。通过解决用户在使用产品时遇到的问题和困难，可以改进产品的用户体验，增强用户对产品的满意度和忠诚度。

(5) 增加产品竞争力。通过关注用户体验和易用性，产品可以在市场上脱颖而出。易用性测试可以帮助产品提供更好的用户体验，从而增加产品的竞争力和市场份额。

8.3.3 易用性测试的内容

1. 安装、卸载测试

用户在使用应用程序之前要先安装部署应用程序。因此，一定要测试好应用程序的安装，而安装测试的主要工作是测试易安装性(安装的易用性)。安装测试包括以下几个方面。

(1) 安装手册的评估。用静态测试法审查安装手册的情况，例如对安装平台、安装过程所需注意的事项，以及手动配置等方面是否进行了详细说明。

(2) 安装的自动化程度测试。软件安装程序要尽量做到"全自动化"，对必要的手动配置也要采取一些措施，比如使用选择框等让手动配置变得简单明确。还有远程下安装的自动化，特别是升级或补丁，常用授权后在线自动下载和安装的方式。

(3) 安装选项和设置的测试。在安装过程中，有时需要对安装项进行选择(如全部安装、基本安装、可选组件安装等)，安装时也要设置不同的信息，如安装目录、路径设置等，应测试这些选择和设置是否简单易行、符合用户的习惯。

(4) 安装过程的中断测试。大型软件的安装可能需要很长时间，在这个过程中可能会出现意外(断电)中断，这有可能使安装工作前功尽弃。因此，一个好的自动化安装程序应能记忆安装过程，当恢复安装后，应能自动检测到"断点"，从"断点"处继续安装。

(5) 安装顺序测试。对于许多系统(如分布式系统)，常常需要安装软件系统的不同组成部分。这些部分安装的次序往往很重要，因此，必须对安装顺序进行测试，这主要包括两个方面:一是安装手册是否进行了详细的步骤说明;二是安装过程是否能检测到顺序正确与否。

(6) 多环境安装测试。安装手册对多环境的要求是否有描述,在各种环境下的安装情况如何,如在标准配置、最低配置和笔记本电脑 3 种环境中进行安装测试,除判断在各种配置下能否工作外,还要看看系统对各种品牌的硬件是否兼容。

(7) 安装的正确性测试。安装完成后,需要对安装的正确性进行验证,还要考虑新装系统对原有的应用系统是否有冲突和影响,例如,新系统是否与计算机上以前已安装的系统有通信端口方面的冲突。

(8) 修复安装测试和卸载测试。修复安装是指软件使用后,要进行的添加或删除软件的一些组件,或者修复受损的软件,测试时需检查修复对软件有无不良影响(如是否造成系统数据丢失)。卸载是指从系统中删除已安装的软件,并恢复到该软件安装前的状态,而又不影响其他软件,其测试重点是检查卸载是否完全,不能完全卸载时有无明确的提示信息等。修复和卸载应该实现自动化,通常情况下,安装、修复(升级安装)以及卸载是一个完整安装程序中的不同选项。

2. 功能易用性测试

功能易用性测试的范围很广,测试的重点有以下几个方面。

(1) 业务符合性。软件的界面风格、表格设计、业务流程、数据安全机制等必须符合相关的法律法规、业界标准及使用人员的习惯。

(2) 功能定制性。为了满足用户需求的不断变化,软件应在这方面预留一定的空间,使软件功能能够定制,如工资软件应满足组织机构和人员归属变动的灵活调整。软件的功能定制和裁剪,极大地方便了二次开发。

(3) 业务模块的集成度。软件系统中的业务模块可能存在较紧密的关联,相关的业务是否合理地组成模块,特别是在这些模块间应能按业务需要进行导航和切换。如财务软件中的票据录入和票据复核。有一些模块间是不能切换的,如财务软件中财务人员日常使用的功能和财务主管所使用的功能则应从登录界面开始严格区分。

(4) 数据重用能力。用户数据的重用表现在"一次输入、多处应用",这样在减少了用户输入的同时使数据较好地保持了一致性,如在银行系统中,用户只要输入一次账号,在随后的交易中可以自动加载这个账号。

(5) 约束性。对于流程性比较强的业务操作交易,上一步的操作对下一步的操作有限制,这就是约束性。这时软件应使用导向或屏蔽无关的操作来实现约束性,这样既可以有效地避免用户犯错误,同时也减少了系统出现异常的概率。

(6) 交互性。交互性包括用户操作的可见性和系统对用户的反馈。例如,在复制文件时系统给出正在进行工作的进度显示(完成的百分比)。系统的会话窗或输入提示是系统交互性的体现。提示信息是系统的人性化特征,反映对用户操作的认可与尊重,能很好地满足用户的心理需求。同时交互过程中的导航作用有助于用户顺利地完成一连串操作,减少出错。

(7) 系统信息与错误提示。操作过程中系统应将结果明确地反馈给用户,应包含差错的原因并指示或帮助用户从错误中恢复,如系统输入数据不对(账号不存在)、系统数据不符合要求(账户余额不足)、系统工作状态出现问题(通信超时)等。

3. 用户界面测试

用户界面测试主要核实用户与软件之间的交互，验证用户界面中的对象是否按照预期的方式运行，并符合国家或行业的标准。界面测试中的部分工作主观性比较强，测试结果往往与测试人员的喜好有关。因此，在一定程度上会影响测试结果的准确性。界面测试主要包括以下几个方面。

1) 界面整体测试

界面整体测试是指对界面的规范性、合理性、一致性等进行测试和评估。

(1) 规范性测试。软件的界面要尽量符合现行标准和规范，并在应用软件中保持一致。在开发软件时就要充分考虑软件界面的规范性，最好的办法是采取一套行业标准。现在许多行业已有自己的标准，如 IBM 标准、Microsoft 标准、Apple 标准等。这些标准已经基本包含"菜单条、工具栏、工具箱、状态栏、滚动条、右键快捷菜单"的标准格式。对于一些特殊行业，由于系统使用环境和用户使用习惯的特殊性，使用以上标准是远远不够的，还要对自身特殊的需要加以补充。

这些标准和规范是经过各种类型的测试与评估，不断总结积累经验和反反复复设计的成果。在界面测试中，测试工程师应该严格遵循这些标准和规范设计界面规范性测试用例。

(2) 合理性测试。界面的合理性是指界面是否与软件功能相融洽，界面的颜色和布局是否协调等。如果界面设计导致用户无法找到或理解软件的功能，那么界面的作用将大打折扣。所以，界面的合理性是界面美观的首要因素，它提醒设计者不要片面追求外观漂亮而导致失真或华而不实。

合理性差的界面无疑会混淆软件的意图，使用户产生误解。合理的用户界面是应用程序的一个重要组成部分，也是使软件易用的重要基础。

测试软件界面的合理性一般通过观察进行，例如，界面中元素的文字、颜色等信息是否与业务功能不一致；前景与背景色搭配是否合理协调，反差是不是太大；界面中的元素大小和布局是否协调；窗口的比例是否合适等。

(3) 一致性测试。界面一致性是软件界面设计的重要原则，它要求软件在控件使用、信息表现方法等方面保持统一。这种一致性不仅体现在单个平台上的界面外观、布局、交互方式以及信息显示等，还要求软件在不同平台上表现一致。良好的一致性设计能够减少用户的学习负担，降低培训和支持成本。

首先，布局的一致性至关重要。所有窗口的位置和对齐方式应该保持一致，这有助于用户快速适应和理解软件的界面结构。如果布局混乱无序，用户在使用软件时可能会感到困惑和不适。

其次，标签和提示信息的措辞也需要保持一致。在提示、菜单和帮助文档中，应该使用统一风格的术语，以避免给用户带来理解上的困扰。如果术语使用不一致，用户可能会感到困惑，不知道软件的具体功能和操作方法。

界面外观的一致性同样重要。控件的大小、颜色、背景以及显示信息等属性应该保持一致，以营造统一的视觉效果。当然，对于一些需要艺术处理或有特殊要求的地方，可以适当进行个性化设计，但整体上仍需保持一致性。

此外，操作方法的一致性也是必不可少的。如果双击某个列表框中的项可以触发某个事件，那么双击任何其他列表框中的项也应该有同样的事件发生。这种一致的操作方法有助于用户快速掌握软件的使用技巧。

颜色的使用也需要保持一致。颜色的前后一致会使整个应用软件有同样的观感，给用户带来更加统一的视觉体验。同时，快捷键在各个配置项上的语义也应该保持一致，这有助于用户快速记忆和使用快捷键，提高操作效率。

数据的一致性也是界面一致性测试中不可忽视的一环。软件界面上展示的数据和字段名称应该与后台数据库或数据源保持一致，并且同一个字段在不同的模块中，字段名应一致。确保用户看到的是一致、准确、最新的信息。否则，可能会导致用户误解或做出错误的决策。

除了以上几个方面，测试工程师还需要关注软件在不同平台上的表现一致性。由于不同平台的分辨率、操作系统等因素可能存在差异，因此软件在不同平台上的界面表现也可能会有所不同。为了确保软件在不同平台上都能提供良好的用户体验，测试工程师需要在不同分辨率下进行测试，例如，可以分别在 800×600、1024×768、1152×864、1280×768、1280×1024、1200×1600 大小的分辨率下进行测试，观察界面的美观程度和功能表现。

2) 界面定制性测试

适用于多层次用户的软件，用户熟练程度(外行、初学、熟悉)不同、使用频度不同、角色不同，需要不同的操作方式或用户界面。例如，财务软件中，财务总监的界面应提供查询功能和更多使用鼠标的操作，会计、出纳的界面应提供更多的键盘快捷方式和以最少的步骤完成日常凭证制作审核的操作。因此需要对界面的可定制性进行测试。可定制性测试包括以下几种内容。

(1) 界面元素的可定制性。可以允许用户定义工具栏、状态栏是否显示，以及工具栏显示在界面上的位置，如上方、下方或悬浮等，一些软件还可以定义菜单的位置。

(2) 工具栏的可定制性。工具栏为用户常用的功能提供了方便，但不同用户对"常用"的理解是不同的，因此，应当允许用户自定义工具栏，如建立新的工具栏、选择要显示的工具栏、定义工具栏上的按钮、制订为工具按钮、定义链接的功能等。

(3) 统计检索的可定制性。检索和统计是用户向系统索取数据最经常用到的功能。检索条件是否灵活、分类统计是否合理、是否允许用户定义检索条件和统计项等，都需要测试人员在充分了解用户需求和使用习惯的基础上，通过实际操作来体会。

4. 辅助系统测试

辅助系统是指为了帮助和引导用户使用软件而存在于软件内的辅助性系统。辅助系统是否完整好用是软件易用性的重要体现，一般来说辅助系统测试包括帮助、向导和信息提示等测试。

1) 帮助测试

软件应该提供所有规格说明和各种操作命令用法的帮助系统，使用户在使用中遇到困难时可以自己寻求解决方法。很多用户在使用软件时常常会发现帮助系统没有及时更新，例如，软件版本已经更改过数次，但配套的软件帮助说明并没有及时更新。用户遇到操作问题或术语问题时，首先想到的就是从软件系统寻求帮助。

对帮助系统的测试一般从前后一致性、内容完整性、可理解性、方便性角度去进行。

2) 向导测试

软件的向导可以引导用户怎样操作。一些应用中某些部分的处理流程是固定的，用户必须按照指定的顺序输入信息。向导使用户可以直接找到自己要去的地方。

在测试过程中需要验证向导是否正确，确认向导的连接是否确实存在、是否每一步都有向导说明、向导是否一致、向导是否直观。还要注意是向导必须用在固定处理流程中，并且处理流程应该不少于 3 个处理步骤。

3) 信息提示测试

信息提示是计算机用信息的形式对用户的某些操作所做的反应。在一些操作中，如果系统没有反馈显示信息，用户就无法判断他的操作是否为计算机所接受、是否正确，以及操作的效果是什么。信息提示可采用多种方式，如文本、图形和声音等。

信息提示测试的准则如下。

(1) 提示信息是否用理解性的语言进行描述。提示信息应不依赖于外界的信息源就能一目了然。出错信息应该有明确的意义，并伴随听觉和视觉效果，如特殊的图像、颜色或信息闪烁。出错信息除报错和警告之外，还应向用户提供如何从错误中恢复的建设性意见和指明错误的潜在危害。

(2) 对重要的、有破坏性的命令是否提供确认措施，以避免执行破坏性的操作。如用户请求删除文件、表示要覆盖某些信息或要求终止一个程序时。

(3) 任何情况下信息提示只能是引导和帮助用户，而不是指责用户。

(4) 信息提示是否具有统一的标记、标准的缩写和隐含的颜色。

8.4　如何进行易用性测试

进行易用性测试需要考虑的内容比较多，以大理文旅网站 http://www.daliwenlv.com/ 为例进行易用性测试，测试环境选择 Windows 10 家庭中文版、IE Edge 浏览器。测试前，将操作系统的屏幕分辨率调整为 1920×1080，浏览器的缩放比例调整为 100%。

接下来，熟悉系统的整体布局和业务。进入网站首页，单击各链接，熟悉系统的基本业务和功能，接着拟定与易用性相关的测试要素，设计出易用性相关的测试用例，如表 8.2 所示。

表 8.2　易用性测试用例表

编号	易用性测试内容	是否通过	备注
1	网站中的所有链接跳转正常，业务流畅		
2	系统所有按钮名称准确易懂、易于辨识且字号大小一致		
3	导航栏、菜单栏、版权栏、标题及内容位置及布局合理		
4	一组按钮应对齐一行(横向或竖向居中)，文字数量最好一致		
5	窗口的比例合适，各控件内容显示完整，不重叠或遮挡		
6	默认选中的按钮，支持"回车"即选		
7	所有页面中按钮、标签、提示信息及内容文字等无错别字		
8	菜单按使用频率和重要性排列，常用的、重要的放前面		

续表

编号	易用性测试内容	是否通过	备注
9	滚动条的长度根据显示信息的长度或宽度及时变换		
10	当前不能进行的操作应该置为灰色		
11	快捷键支持编辑：Ctrl+A，全选；Ctrl+C，拷贝；Ctrl+V，粘贴；Ctrl+X，剪切；Ctrl+Z，撤销操作；Ctrl+Y，恢复操作；Ctrl+D，删除；Ctrl+F，查找；Ctrl+H，替换；Ctrl+Tab，下一窗口		
12	有提供书面的帮助文档，提供软件的技术支持方式		

根据表格中的测试用例，依次逐项测试网站，在第 3 项和第 4 项的易用性测试中发现了缺陷，例如，大理文旅网站首页单击任意一栏目对应模块下的更多链接，进入该栏目文章列表能查看到文章展示的标签，单击任一标签后会打开媒体云子网站，如图 8.3 所示。

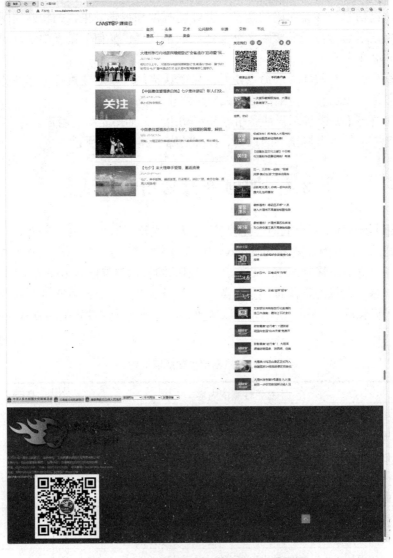

图 8.3　通过标签打开的媒体云子网站页面

通过测试发现在该网站最上面菜单栏的一组横向导航按钮未对齐，不美观。最下面版权栏中也出现了内容位置及布局不合理的情况。因此，易用性测试用例中的第 3 和 4 项，测试为不通过。

使用禅道项目管理工具记录一条易用性缺陷，以"菜单栏的一组按钮导航没有对齐显示在一行"这个缺陷为例，缺陷记录如图 8.4 所示，注意此时 Bug 类型要选择界面优化，关键词为易用性，缺陷的严重程度和修复优先级由于不影响功能，可选为建议 4 级的考虑修复。

图 8.4　通过标签打开的媒体云子网站页面

兼容性测试和易用性测试在技术上看并不复杂，它更多地需要对软件产品有一定的敏锐度和洞察力，这就需要测试工程师具备系统性思维和从多角度思考问题的意识。在兼容性和易用性测试中既需要遵循一定的标准，又需要测试工程师个人的主观判断。因此，测试工程师要不断地积累这方面的经验，并具有站在客户角度对产品质量负责的服务意识。

知 识 自 测

实 践 课 堂

任务一：完成一个典型的兼容性缺陷记录

请你对"大理农文旅电商系统"进行操作系统兼容性、浏览器兼容性、屏幕分辨率兼容性测试，认真记录你所发现的一个典型兼容性缺陷。

任务二：完成一个典型的易用性缺陷记录

请你对"大理农文旅电商系统"进行易用性测试，认真记录你所发现的一个典型易用性缺陷。

学生自评及教师评价

学生自评表

序 号	课堂指标点	佐 证	达 标	未达标
1	兼容性测试定义	阐述兼容性测试的定义		
2	兼容性测试目的	阐述兼容性测试的目的		
3	兼容性测试内容	能够开展兼容性测试并发现兼容性缺陷		
4	易用性测试定义	阐述易用性测试的定义		
5	易用性测试目的	阐述易用性测试的目的		
6	易用性测试内容	能够开展易用性测试并发现易用性缺陷		
7	系统思维	能够全局地、多角度地思考和处理问题		
8	质量保障意识	测试过程中能注重细节，精益求精		
9	产品服务意识	具备软件交互性审美和鉴赏能力		

教师评价表

序 号	课堂指标点	佐 证	达 标	未达标
1	兼容性测试定义	阐述兼容性测试的定义		
2	兼容性测试目的	阐述兼容性测试的目的		
3	兼容性测试内容	能够开展兼容性测试并发现兼容性缺陷		
4	易用性测试定义	阐述易用性测试的定义		
5	易用性测试目的	阐述易用性测试的目的		
6	易用性测试内容	能够开展易用性测试并发现易用性缺陷		
7	系统思维	能够全局地、多角度地思考和处理问题		
8	质量保障意识	测试过程中能注重细节，精益求精		
9	产品服务意识	具备软件交互性审美和鉴赏能力		

模块 9

性 能 测 试

教学目标

知识目标

◎ 掌握性能测试的概念。
◎ 理解性能测试的目标及作用。
◎ 理解性能测试的类型。
◎ 掌握性能测试的相关指标术语。
◎ 掌握性能测试的流程。
◎ 了解 LoadRunner 性能工具的三大组件。

能力目标

◎ 具备识别性能测试各项指标的能力。
◎ 能够依据性能测试流程开展性能测试。
◎ 能够运用性能测试工具完成软件系统性能测试并评估系统性能表现。

素养目标

◎ 培养学生敬业乐业、不畏艰难、大胆创新的工作作风。
◎ 培养学生的系统思维和独立分析问题的能力。

知识导图

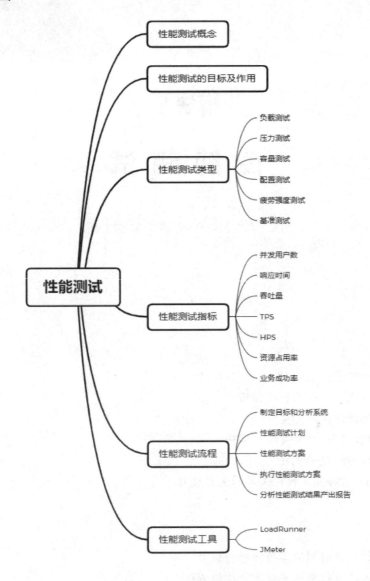

知识准备

9.1　性　能　测　试

性能测试
(微课)

9.1.1　性能测试概念

性能测试(Performance Testing)是通过测试工具模拟多种正常、峰值及异常负载条件来评判软件系统在一个给定的环境和场景中的性能表现是否与预期目标一致、系统是否存在性能缺陷，并根据测试结果识别性能瓶颈，对系统中存在的性能瓶颈加以优化和改善系统性能的过程。

软件系统的性能与它的运行环境和场景关系很大。影响软件系统性能测试环境的因素是多方面的，如所使用的浏览器、网络带宽、操作系统、Web 服务器、应用服务器、硬件服务器、数据库等。一个系统的性能表现与用户使用的场景和如何使用也是有很大关系。

9.1.2 性能测试的目标及作用

性能测试一般是在确保软件产品完成了它所承诺或公布的功能，并且所有用户可以访问到的功能都有明确的书面说明后才开展的。性能测试是为了保障软件的可靠性和稳定性，用户操作不方便且效率低下的软件产品不会是一个有竞争力的产品。性能测试要达到的目标是确保软件产品是高效的、健壮的和适应用户所使用环境的。效率和健壮性都是软件产品质量的基本要求。性能测试在软件的质量保障中起着的作用，主要包括以下几个方面。

(1) 评估软件系统能力。以真实的业务为依据，选择有代表性的、关键的业务操作设计性能测试方案，以评价系统在当前性能测试中得到的负荷和响应时间等数据可用于验证性能测试计划模型的能力，并帮助作出决策。

(2) 识别软件系统中的弱点。受控的负荷可以被增加到一个极端的水平并突破它，从而修复软件系统中的瓶颈或薄弱环节。

(3) 检测软件中的问题。在一个生产负荷下执行一定时间的性能测试是评估系统稳定性和可靠性是否满足要求的唯一方法。

(4) 软件系统性能调优。重复运行性能测试，验证调整后的系统活动得到了预期的结果，从而改进性能。

9.2 性能测试的类型

9.2.1 负载测试

负载测试(Load Testing)是确定在不同虚拟用户数量负载下系统的性能，目标是测试当负载逐渐增加时，系统各项性能指标的变化是否在用户的需求范围内。它主要用于确定不同用户数量下系统的业务通过量、响应时间、CPU 与内存资源使用等表现有没有达到对应的需求指标。负载测试是一个分析软件应用和支撑的架构，它通过模拟真实环境的使用，确定系统能够接受的性能。负载测试会帮助确定系统是否还能够处理用户期望的性能指标需求，以预测系统的未来性能。它通过模拟成百上千个用户，重复执行和运行测试，确认出性能瓶颈并优化和调整应用，目的在于寻找到瓶颈问题。大多数的性能测试都是负载测试。

9.2.2 压力测试

压力测试(Stress Testing)是通过模拟大量的虚拟用户向服务器请求的情况下测试系统能否稳定工作，目的在于确定一个系统的瓶颈或者其不能接受的性能点，获得系统能提供的最大服务级别的测试。压力测试可以确定系统在极重的负载条件下的稳健性和错误处理，并能观察系统在极限压力下的行为。压力测试是非常有用的，可以帮助测试工程师检查系统在崩溃前保存的数据，看看意外的故障是否会损害系统的安全。

9.2.3 容量测试

容量测试(Volume Testing)是在一定的软件、硬件及网络环境下，向数据库中构造不同数量级别的数据记录，通过运行一种或多种业务在一定的虚拟用户数量情况下，获取不同数据级别的服务器性能指标，以确定数据库的最佳容量。容量测试关注的是大容量，而不是使用中的速度表现。容量测试不光可以对数据库进行测试，还可以对硬件处理能力、各种服务器的连接能力等进行测试，目的是测试系统在不同容量级别下能否达到指定的性能，以及确定测试对象在给定时间内能够持续处理的最大负载或工作量等容量指标。

9.2.4 配置测试

配置测试(Configuration Testing)是在一定的虚拟用户数量情况下通过运行一种或多种业务，通过调整系统的软、硬件及网络环境，了解各种不同环境配置对软件性能的影响，获得不同配置的性能指标，从而选择出最佳的设备和系统的最优参数配置。

9.2.5 疲劳强度测试

疲劳强度测试又称可靠性测试(Reliability Testing)是对软件系统长时间的考核，是让系统在一定的业务压力下，持续运行一段时间，观察系统是否达到要求的稳定性，重在考察系统在一定业务压力下持续运行的能力。可靠性测试必须给出一个明确的指标需求，如系统能够持续无故障运行多少天。也考查在系统资源特别低的情况下，软件系统运行的情况，还可以观察在异常的资源配置下运行，软件程序对异常情况的抵抗能力。

9.2.6 基准测试

基准测试(Benchmarking Testing)是在一定的软、硬件及网络环境下，模拟一定数量的用户运行一种或多种业务，建立一个已知的性能水平(称为基准线)，将测试结果作为基线数据去测量和评估软件性能指标的活动，测试过程可以围绕基准线重复进行。例如，当系统的软、硬件或网络环境发生变化之后，再进行一次基准测试可以确定哪些变化对性能的影响，这是基准测试最常见的用途。其他用途包括测定某种负载水平下的性能极限、管理系统或环境变化、发现可能导致性能问题的条件等。在系统调优或者系统评测过程中，通过运行相同的业务场景并比较测试结果，确定调优是否达到效果或者为系统的选择提供决策数据。

9.3 性能测试的指标

9.3.1 并发用户数

并发用户数指的是现实软件系统中同时操作某个业务或功能的在线用户，在性能测试工具中一般称为虚拟用户数。并发用户的最大特征是与系统服务器产生了交互，这种交互既可以是单向地传输数据,也可以是双向地传输数据。简单来说并发的含义就是大量用户同时对服务器的操作,例如,系统支持80个用户并发进行系统登录操作。使用频率较高的应用系统并发用户数一般为在线用户数的10%左右。

9.3.2 响应时间

响应时间是指从用户发出请求开始计,到客户端接收到从服务器端返回的响应结束,这个过程所耗费的时间。这个指标与人对软件性能的主观感受是一致的。例如,登录功能的操作,从单击登录到返回登录成功页面需要消耗1s,那么就说这个操作的响应时间是1s。通过性能测试工具测量的响应时间通常能精确到毫秒级。响应时间的组成如图9.1所示,响应时间=网络传输时间+业务/数据处理时间=N1+N2+N3+N4+A1+A2+A3。

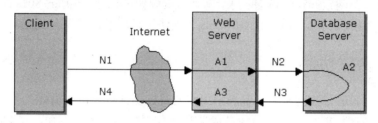

图9.1 响应时间的组成

9.3.3 吞吐量

吞吐量是单位时间内从服务器返回的字节数,也可以是单位时间内,服务器处理客户提交的请求数,吞吐量的单位为字节/秒。吞吐量是服务端的指标,吞吐量是站在"量"的角度去度量,是一个参考指标,是指单位时间内系统能处理的请求数量,体现系统处理请求的能力,这是目前最常用的性能测试指标。吞吐量越大,系统负载能力越强。

9.3.4 每秒事务数

每秒事务数(Transaction Per Second,TPS)是指应用系统每秒钟处理完成的交易事务数量,是估算应用系统性能的重要依据。事务,是人为定义的,可以是一个接口、多个接口或一个业务流程。以单接口定义为事务来看,一个事务是由一个客户机向服务器发送请求然后服务器做出响应的过程,每个事务包括了如下 3 个过程:①向服务器发请求;②服务器自己的内部处理(包含应用服务器、数据库服务器等);③服务器返回结果给客户端。如果每秒能够完成 N 次这 3 个过程,那么 TPS 就是 N。如果把多个接口定义为一个事务,那么这多个请求完成一次,算作一个 TPS。性能测试中,TPS =脚本运行期间所有事务总数/脚本运行时长。一般而言,系统整体处理能力取决于处理能力最低模块的 TPS 值,系统性能以每秒完成的技术交易事务的数量来衡量。

还有一个概念是每秒查询数(Queries Per Second,QPS),它指一台服务器每秒能够响应的查询次数(数据库中的每秒执行查询 SQL 的次数)。QPS 代表的场景不够全面,仅适用于执行单次查询的接口,一般不用 QPS 来作为系统性能指标。

9.3.5 每秒点击量

每秒点击量(Hit Per Second，HPS)指一秒钟的时间内用户对 Web 页面的链接、提交按钮等点击操作的总和。在性能测试中 HPS 一般与 TPS 成正比关系，是 B/S 系统中非常重要的性能指标之一。

9.3.6 服务器资源占用

资源利用率是指软件系统在负载运行期间，数据库服务器、应用服务器、Web 服务器的中央处理器 CPU、内存、硬盘、外置存储、网络带宽等的使用率。根据经验，低于 20%的利用率为资源空闲，20%~60%的利用率表示资源使用稳定，60%~80%的利用率表示资源使用饱和，当资源利用率超过 80%时，必须尽快进行资源的调整与优化。

9.3.7 业务成功率

做性能测试时除了响应时间、资源利用率要得到保证以外，还需要关心业务的成功率。业务成功率是指在性能测试过程中业务成功和业务失败的比率。例如，在对软件系统的登录功能进行性能测试的过程中，模拟 50 个并发用户，每个用户登录 100 次，共登录了 5000次。测试完成以后测试工程师必须要统计出 5000 次的登录中成功的比率是否达到了要求，如果测试过程中登录出现了大量的失败，就要根据报错信息排查原因。

9.4 性能测试的流程

性能测试在实施过程中要遵守一定的规范流程，性能测试的基本流程包括明确测试目标、分析被测系统、制订性能测试计划、制订性能测试方案并评审、执行性能测试方案、分析性能测试结果并迭代调优、生成性能测试报告，如图 9.2 所示。

1. 明确性能测试目标

在对软件项目产品开展性能测试之前，应该从客户、同类产品及产品发展趋势的角度去评估，确定出性能测试的目标，弄清楚性能测试的需求、内容和范围，以选择适当的测试方法来进行测试。要确定客户对系统性能的需求和期望，了解实际业务环境、场景需求和系统组成。

2. 分析被测系统

测试一个系统的前提就是要熟悉这个系统，确定系统类别、系统构成、系统功能等。如果不熟悉系统，把系统测试全面是不太可能的。在做系统功能测试前要做功能测试需求分析，同样做性能测试前也要先做。

性能测试需求分析要分析测试对象和范围，熟悉行业背景，知悉系统包含哪些业务功能及子系统等；分析被测系统架构和平台，属于 B/S 架构还是 C/S 架构，采用的什么研发技术；分析测试指标，了解系统的硬件配置、网络条件、操作系统、数据库等，明确出性能测试度量标准。此外，还要分析性能测试项操作流程。之后选择性能测试工具，制订性能测试计划及性能测试方案。

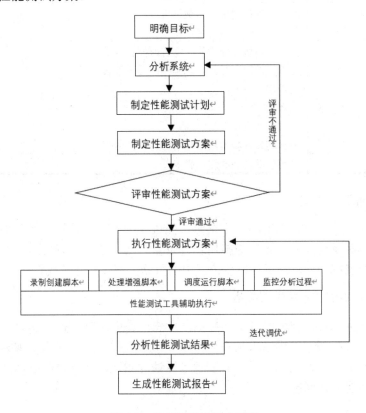

图 9.2 性能测试的基本流程

3. 制订性能测试计划

性能测试计划主要明确性能测试目标和范围、性能测试的支撑环境、性能测试所需资源规划及筹备计划、性能测试工作项目及进度安排、性能测试方法及标准和性能测试的风险管理。

4. 制订性能测试方案

性能测试方案应该包含测试目的、测试环境、测试方法、测试工具、监控方式、测试场景及用例、风险分析等。重点是性能测试场景及用例的设计，性能测试用例模板示例如表 9.1 所示。设计性能测试的场景和用例时，要选择出高商业风险、高使用率、高吞吐量、高服务器负载的功能或业务操作，构建性能测试模型和加压负载策略。性能测试工程师要明确性能脚本开发方式是手工编码、录制回放还是外部封装，同时要确定出测试脚本的增强策略。

表 9.1 性能测试用例模板示例

场景编号	S-1
场景名称	××交易基准测试/××功能开发
场景描述	采用什么方式测试什么内容

续表

期望结果	期望系统达到的性能指标或效果
测试数据	对××字段用××个数据进行参数化； 数据库存量数据×××；
场景设计	并发用户数加载方式、运行时间； 是否增加思考时间，思考时间设置多长时间； 是否增加事务； 是否增加集合点； 超时时间设置多长时间； 组合场景各脚本用户数所占比例说明等；
测试脚本说明	采用已做过基准测试脚本

5. 执行性能测试方案

选择性能测试工具执行性能测试方案时，先进行脚本录制开发，然后根据性能测试方案调度运行脚本和优化脚本，设置虚拟用户并发量、运行场景、脚本运行时间及性能指标等。运行过程中观察和分析测试指标监控器中的数据，逐步进行迭代调优。

6. 分析性能测试结果并生成报告

性能测试完成以后，性能测试工具可以帮助生成性能指标数据的统计，性能测试工程师通过分析确定性能测试指标结果是否满足用户要求。如果满足要求，则测试结束；如果不满足要求，则需要进行调优，调优后继续进行性能测试，直到性能测试结果满足要求，则生成最终的性能测试报告。

9.5 性能测试工具

9.5.1 LoadRunner

1. LoadRunner 工具介绍

LoadRunner 最初是由 Mercury 公司开发的一款性能测试工具，2006 年被惠普(HP)公司收购后就成为了 HP 公司的重要产品之一。LoadRunner 是一种预测系统行为和性能的负载测试工具，通过模拟上千万用户实施并发负载及实时性能监测的方式来确认和查找问题，LoadRunner 能够对整个企业架构进行测试。企业使用 LoadRunner 最大限度地缩短测试时间，优化性能和加速应用系统的发布周期。LoadRunner 支持广泛的协议和技术，为用户的特殊环境提供特殊的解决方案，适用于各种体系架构的自动负载测试，能预测系统行为并评估系统性能。

2. LoadRunner 的组件及原理

使用 LoadRunner 工具进行自动化性能测试，用户能简便地创建性能测试的脚本，能够通过录制基于真实用户的业务流程和操作行为，如下订单或订单处理，然后将其自动转化为测试脚本。利用虚拟用户，可以在多台机器上同时运行成千上万个测试。所以 LoadRunner 能极大地减少负载测试所需的硬件和人力资源。LoadRunner 的组件组成如下。

(1) 虚拟用户发生器(Virtual User Generator，VuGen)：通过录制最终用户业务流程并创建自动化性能测试脚本，即虚拟用户(Vuser)脚本。这时测试人员被 LoadRunner 的 Vuser 代替，测试人员执行的操作以 Vuser 脚本的方式固定下来。一台计算机可以运行多个 Vuser，因此 LoadRunner 减少了性能测试对硬件的要求。

(2) 控制器(Controller)：负责管理和协调多个虚拟用户，用于组织、驱动、管理及监控负载测试场景。运行场景时，每个 Vuser 去执行 Vuser 脚本。Vuser 脚本记录了用户的动作，并且包含一系列性能指标度量并记录服务器性能的表现。在实际运行时，Controller 运行任务分派给各个负载生成器，如果没有设置 Load Generator，那么负载发生器就是当前的这台计算机，Controller 边产生负载边监测软件系统各个节点的性能，并收集结果数据，提供给 LoadRunner 的 Analysis 组件。

(3) 负载生成器(Load Generator)：和代理程序 Agent 配合使用，Agent 负责实时侦听来自控制器 Controller 的指令，在各个客户端计算机上部署启动 Agent(选择"所有程序"→HP LoadRunner→Advanced Settings→LoadRunner Agent Process 命令)后，就可以协同得到步调一致的虚拟用户 Vuser 来产生负载。通俗来讲，它就是 Controller 组件的"手下"，Controller 发号命令，Load Generator 负责实施执行。通常在一台计算机上安装了 LoadRunner 后，就自动安装了 Load Generator，而一个 Controller 可以控制多台计算机上的 Load Generator，以这种方式拓展物理机的资源，让它们统一听从指挥，共同完成任务。

(4) 结果分析器(Analysis)：用于查看、剖析和比较性能结果。它是数据分析工具，可以收集性能测试中的各种数据，对其进行分析并生成图表和报告供测试人员查看。例如，使用 LoadRunner 的 Web 交易细节监测器，用户可以确定下载每一网页上所有的图像、框架和文本所需得的时间数据。

LoadRunner 的工作原理是录制和回放。录制时，在 Virtual User Generator 按照一定的网络协议(如 http 协议)，对客户端记录，捕捉生成脚本，编辑脚本，增强调试脚本(加入检查点、并发点、事务点)等。在 Controller 中，选择脚本，对用户的数量、加载方式、脚本运行的次数或时间等进行部署，设置相应的负载生成器 Load Generator，对被测系统的服务器进行监控。回放时，运行场景，收集测试数据通过 Analysis 生成结果分析报告的各种图表，提供性能调优的依据。LoadRunner 的性能测试架构如图 9.3 所示。

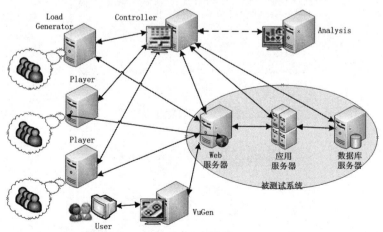

图 9.3　LoadRunner 性能测试的架构

在使用自动化性能测试工具 LoadRunner 开展性能测试工作时，要遵循测试流程规范，先制订好性能测试方案再用工具操作。LoadRunner 性能测试的流程如图 9.4 所示。

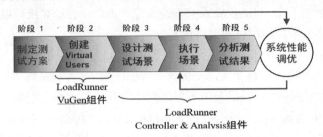

图 9.4 LoadRunner 性能测试的流程

2. LoadRunner 的安装和基础使用

1) LoadRunner 12.02 的下载

在惠普官网下载 LoadRunner 12.02，安装包有四个部分：

（1）HP_LoadRunner_12.02_Community_Edition_ADDitional_Components_T7177-15060 社区版的附加组件；

（2）HP_LoadRunner_12.02_Community_Edition_Language_Packs_T7177-15062 社区版的语言包；

（3）HP_LoadRunner_12.02_Community_Edition_Standalone_Applications_T7177-15061 社区版独立应用程序；

（4）HP_LoadRunner_12.02_Community_Edition_T7177-15059 社区版。

2) LoadRunner 12.02 的安装步骤

（1）右击 HP_LoadRunner_12.02_Community_Edition_T7177-15059.exe 安装程序，选择"以管理员身份运行"，在弹出的窗口中选择抽取的临时安装文件存放的地点，不选择即为默认路径。单击"下一步"按钮。若文件抽取过程中被电脑安装的杀毒软件拦截的话，选择允许操作。安装程序自动验证电脑是否含有软件安装运行的必备组件，缺少组件时，会弹出窗口显示允许安装的组件，单击"确定"按钮将自动安装所需组件，如图 9.5 所示。

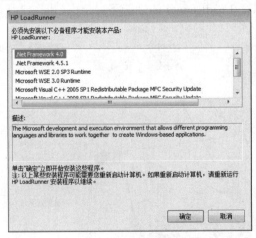

图 9.5 LoadRunner 自动检测并安装组件

(2) 组件安装完成后，弹出如图 9.6 所示的安装界面，单击"下一步"按钮。

(3) 选择安装路径，安装路径不能含有中文字符。建议安装在默认路径下。单击"安装"按钮进行程序的安装，如图 9.7 所示。

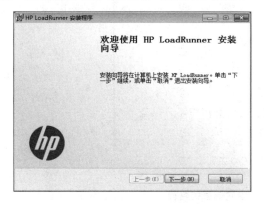 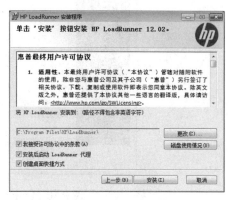

图 9.6　LoadRunner 安装程序的欢迎界面　　　图 9.7　LoadRunner 授权安装

(4) 耐心等待程序安装。当弹出如图 9.8 所示的界面时，若无指定的 CA 证书，则取消选中上面的复选框，单击"下一步"按钮。

(5) LoadRunner12.02 安装完成后，可在桌面上看到安装好的 Virtual User Generator、Controller、Analysis 三个组件的快捷方式图标，如图 9.9 所示。

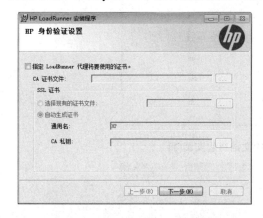 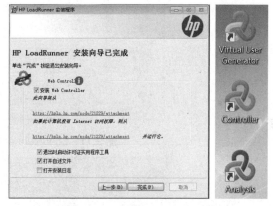

图 9.8　LoadRunner 身份验证　　　图 9.9　LoadRunner 三大组件图标

(6) 接下来，安装 LoadRunner12.02 的中文包。右击 HP_LoadRunner_12.02_Community_Edition_Language_Packs_T7177-15062.exe 安装包，选择"以管理员身份运行"，系统将抽取语言包安装包，选择抽取的语言包的临时存放路径，建议直接默认，单击"Install"按钮，如图 9.10 所示。

(7) 抽取安装包完成后将自动关闭窗口(注意：此处只是把安装包抽取出来了，要到抽取的安装包中进行安装)。到上一步中选择的路径中找到语言安装包。如未修改路径则在路径 C:\Temp\HP LoadRunner 12.02 Community Edition\DVD 中打开该文件夹，双击 Setup.exe，如图 9.11 所示。

(8) 将自动打开安装目录，单击"语言包"，打开选择语言文件夹，选择要安装的语言。依次选择 Chinese-Simplified→LoadRunner→LR_03457，如图 9.12 所示。

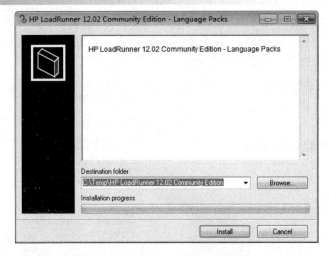

图 9.10　LoadRunner 中文语言包路径

图 9.11　LoadRunner 中文语言包安装(1)

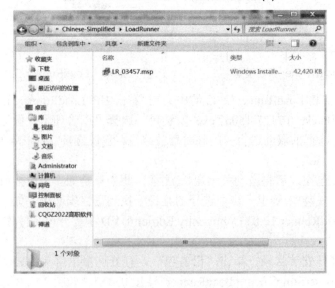

图 9.12　LoadRunner 中文语言包安装(2)

(9) 打开 HP LoadRunner 安装向导界面，单击"下一步"按钮，接着单击"更新"按钮，计算所需计算机空间后完成安装，如图 9.13～图 9.15 所示。此时，系统自动安装中文语言包，安装成功后，打开 LoadRunner12.02 将呈现出中文界面，如图 9.16 所示。

图 9.13　LoadRunner 安装向导

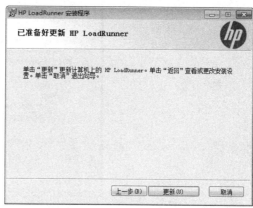

图 9.14　LoadRunner 安装更新

3）LoadRunner 12.02 自带飞机订票系统操作演示

LoadRunner12.02 安装的同时，将默认安装一个样例演示程序 HP Web Tours。HP Web Tours 应用程序是一个基于 Web 的飞机订票系统，用户通过访问这一系统，可进行注册、登录、搜索飞机航班、预订飞机票及查看航班路线等操作。使用 HP Web Tours 系统前，需要启动自带的 Web 服务器，操作过程为：选择"开始"→"所有程序"→HP LoadRunner→Samples→Web→Start HP Web Tours Server 命令，如图 9.17 所示。

图 9.15　LoadRunner 安装中文包安装完成

图 9.16　LoadRunner 的中文界面

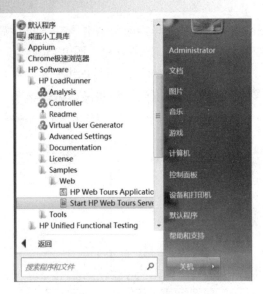

图 9.17　启动飞机订票系统 Web 服务器

　　Web 服务器启动后，即可启动 HP Web Tours 应用程序。选择"开始"→"所有程序"→HP LoadRunner→Samples→Web→HP Web Tours Application 命令。浏览器将打开飞机订票系统网站，如图 9.18 所示。通过单击 sign up now 注册账号登录，或者使用系统提供的默认账号 Username：jojo，Password：bean。

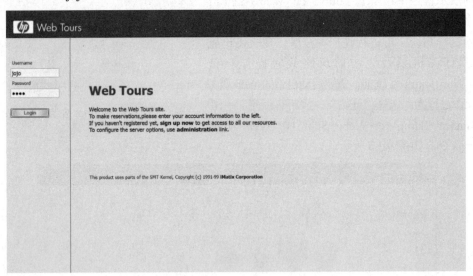

图 9.18　HP Web Tours 网站首页

　　4）LoadRunner 12.02 基础使用

　　接下来，通过对 LoadRunner 12.02 自带的飞机订票系统的登录和退出操作进行测试，演示 LoadRunner12.02 的基础使用流程。

　　（1）选择"开始"→"所有程序"→HP LoadRunner →Virtua→Vuser Generator 命令，启动虚拟用户生成器，单击左上角的 (新建解决方案)按钮，打开创建新脚本对话框，录制脚本选择单协议 Web-HTTP/HTML，脚本名称改为 WebTours。如图 9.19 所示。

性能测试 模块 9

图 9.19　HP Web Tours 网站首页

（2）按回车键,打开脚本窗口。单击●(录制图标)按钮,打开开始录制对话框。

这里只测试登录和退出功能的性能,因此,选择将登录和退出功能录制到 Action 操作。对于具体系统的一系列交易,也可以选择将登录和退出操作分别放在 init、end 中,init 和 end 部分在虚拟用户启动运行时只执行一次,是不进行迭代的。可针对不同其他交易创建多个 Action(Action 可以进行反复多次迭代运行)。注意：在 init 和 end 录制操作中的脚本是不能够插入集合点的,在 Action 中能够插入集合点。

选择用 Web 浏览器录制,选择浏览器应用程序,输入飞机订票系统的 URL 地址：http://127.0.0.1:1080/WebTours/index.htm,单击"开始录制"按钮,如图 9.20 所示。

图 9.20　LoadRunner 录制脚本操作

（3）LoadRunner 12.02 将自动打开浏览器进入飞机订票系统网站首页,并显示录制工具条,如图 9.21 所示。输入系统默认账号 Username：jojo,Password：bean,单击 Login 按钮,进入订飞机票系统的主页。然后再在主页中单击 Sign Off 按钮,退出系统。最后在录制工具条上单击■按钮,停止录制操作。

171

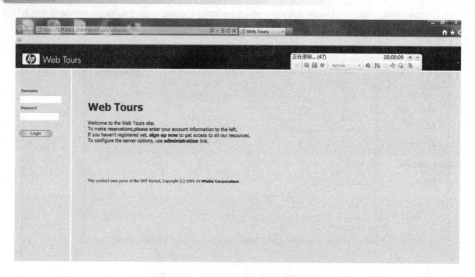

图 9.21 Web Tours 网站录制中

(4) 录制结束后,对飞机订票系统的所有操作将被录制成"脚本",该脚本将在脚本窗口中显示(可以对脚本进行修改与增强),如图 9.22 所示。

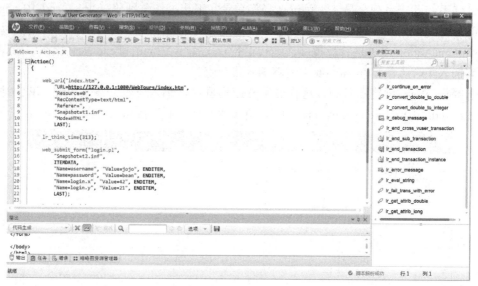

图 9.22 VuGen 录制生成的脚本

(5) 对脚本进行增强,通过添加事务将"一系列操作"封装为一个整体。事务便于我们针对某一系列具体操作或某个功能点进行响应时间的监控和诊断。例如,飞机订票系统中要对登录功能的响应时间进行关注,可以选择在登录功能所在的脚本处,插入事务函数。

事务可以在脚本录制时在录制工具条中插入,也可以录制完成后在工具栏单击 图标进行插入,还可以在脚本中鼠标右击后,在弹出的快捷菜单中选择"插入"→"开始事务"或"结束事务"命令。注意插入事务时,要填写事务名称(如 login),如图 9.23 所示。

图 9.23　给录制后的脚本插入事务

(6) 在录制的脚本中常会看到 lr_think_time()函数，这个函数叫作思考时间，它模拟用户操作过程中由于等待所花费的时间，从而更加真实地模拟了实际业务操作。如"lr_think_time(4)"表示 4s 思考时间。

注意：在定义"事务"中不应该包含思考时间，否则通过事务测试出的响应时间将会包含录制时因为停留而产生的思考时间，测试结果将不准确。因此将 lr_think_time()放在事务定义之外。还可以在"回放菜单"→"运行时设置"→"常规"→"思考时间"中勾选"忽略思考时间"或"随机获取思考时间"，指定一个最小值和一个最大值的设置范围，以控制 VuGen 在两次操作间等待的时间，这可以帮助模拟真实用户。如图 9.24 所示是带有"登录事务"的脚本。

图 9.24　"登录事务"的脚本

(7) 回放脚本，选择"回放菜单"→"运行"命令，单击"回放"按钮，在输出窗口中以标准日志状态展示出事务信息，查看到事务响应时间为 0.1156s，如图 9.25 所示。也可以在"回放菜单"→"运行时设置"→"常规"→"日志"中选中"扩展日志选择服务器返回的数据"，查看一些服务器返回的数据。

图 9.25　成功回放添加了事务的脚本

(8) 给脚本添加集合点。集合点是解决"完全同时进行某项操作"的方案，它能模拟实现真正的并发操作。插入集合点，势必对服务器产生更大的压力，在需要实现真正并发的操作之前，插入集合点 lr_rendezvous()函数即可。

插入集合点的方式很多，可以在脚本录制过程中采用录制工具栏插入集合点的方式，集合点图标为 ，也可以在脚本中通过鼠标右击，在弹出的快捷菜单中选择"插入"→"集合"，如图 9.26 所示。

图 9.26　给录制后的脚本插入集合点

(9) 通过插入集合点对飞机订票系统实现并发“登录”操作的脚本如图 9.27 所示，一般把思考时间也放在集合点之外。单击“回放”按钮，成功回放，脚本通过，如图 9.28 所示。注意：若脚本回放报错，需调试脚本至回放成功为止。

```
WebTours : Action.c

Action()
{

    web_url("index.htm",
        "URL=http://127.0.0.1:1080/WebTours/index.htm",
        "Resource=0",
        "RecContentType=text/html",
        "Referer=",
        "Snapshot=t1.inf",
        "Mode=HTML",
        LAST);

    lr_think_time(30);

    lr_rendezvous("login");

    lr_start_transaction("login");

    web_submit_form("login.pl",
        "Snapshot=t2.inf",
        ITEMDATA,
        "Name=username", "Value=jojo", ENDITEM,
        "Name=password", "Value=bean", ENDITEM,
        "Name=login.x", "Value=42", ENDITEM,
        "Name=login.y", "Value=21", ENDITEM,
        LAST);
    lr_end_transaction("login", LR_AUTO);

    lr_think_time(4);

    web_image("SignOff Button",
        "Alt=SignOff Button",
        "Snapshot=t3.inf",
        LAST);

    return 0;
}
```

图 9.27　登录“集合点”的脚本

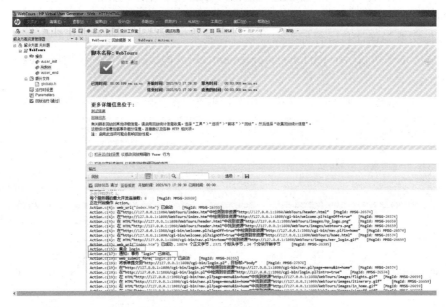

图 9.28　成功回放添加了集合点和事务的脚本

(10) 集合点插入后，并不意味着完成了集合点的所有设置工作。LoadRunner 允许测试人员对集合点的执行过程进行更详细的设定，例如聚集的虚拟用户数、用户释放策略等。转入第二大组件 Controller 的设置，Controller 的主要作用有设计场景、运行场景及监控场景。场景主要用来模拟“真实世界的用户是如何对系统施加压力的”。

Controller 支持多种启动方式。选择"开始"→"所有程序"→HP LoadRunner→Controller 命令启动，或者在 VuGen 中选择工具→"创建 Controller 场景"命令，选中手动"场景"，设置虚拟用户(Vuser)数为 50，手动场景是根据设计的负载测试性能指标，面向目标的场景是根据设计的性能指标测试负载。如图 9.29 所示。

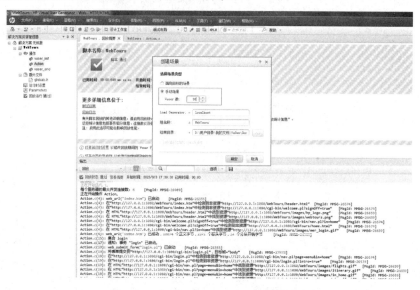

图 9.29 Controller 中 Vuser 数量设置

(11) Controller 工具中设计测试场景并不复杂，关键在于前期的性能测试方案及性能测试用例与场景的设计。充分的前期设计可有效指导 Controller 工具中的设计工作。Controller 的设计工作主要为设计和运行标签页，设计标签页主要对测试脚本、负载发生器、场景执行计划、服务水平协议(Service Level Agreement，SLA)等进行设置，包括以下四大部分，如图 9.30 所示。

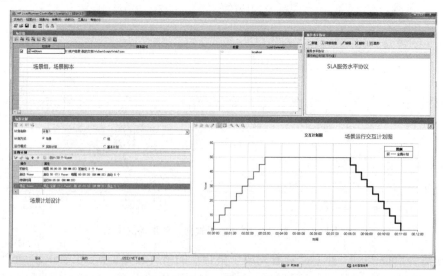

图 9.30 Controller 中的设计标签页

① 场景组和场景脚本：显示添加到场景中的 Vuser 脚本及脚本名称、脚本路径、该脚

本下的 Vuser 数及 Load Generator 等，对这些内容进行重新设置和修改。当多个脚本组合场景的时候，可以单独设计每个脚本的加压方式，通过如下方式配置：其一，在如图 9.30 所示的场景组对话框中选中/取消选中场景组中的脚本；其二，单击 按钮可打开"添加组"对话框，进行脚本添加。单击 则可进行脚本的移除。

② 场景计划设计：通过设置加压方式、场景持续运行时间及减压方式等信息，详细模拟用户的真实活动场景。在此，支持场景和组两种计划方式，场景方式将所有启用的测试脚本"封装"为一个整体，进行整体场景的统一设计和运行。组方式的设计灵活、实用，可分别针对每个脚本进行测试场景的设计，以及设置每个脚本(别称：组)开始执行的时间。实际计划运行模式，可设计 Vuser 初始化方式、加压方式、场景持续运行时间及减压方式等，可以实现梯度加压和峰值加压。基本计划运行模式，可进行 Vuser 各项设置，仅可对现有的 Action 进行编辑，不支持其他 Action 操作的添加、删除、上移及下移，只能进行峰值加压。

③ 服务水平协议：在测试场景设计中用于设定性能测试量目标相关的数据，之后在 Analysis 中可将 Controller 收集并存储的性能数据与事先设定的目标进行比较，最终确定该指标的 SLA 状态是否通过，便于测试结果的分析。

④ 场景运行交互设计图：以图形化方式清晰显示出场景的详细设计，为场景设计和监控提供了有力帮助。

(12) 将场景方式及实际计划运行模式相组合，进行手工场景设计，设计出设置场景计划和全局计划初始方式、启动方式、执行时间、停止方式等，如图 9.31 所示。

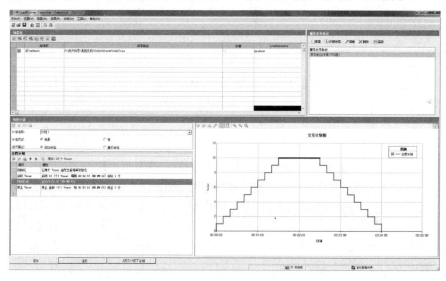

图 9.31　Controller 中设置场景计划和全局计划

(13) 进入运行标签页，其主要用于对场景运行时的情况(如场景组及 Vuser 运行的状态、系统运行各项性能指标、服务器及系统资源等)进行监控。运行标签页还可控制每个 Vuser、查看由 Vuser 生成的错误、警告和通知消息等。可收集各类测试数据便于进一步地分析测试结果。单击"开始场景"，如图 9.32 所示。

(14) 单击"开始场景"，监控系统运行各项性能指标及服务器 Windows 系统资源指标要右击添加度量，单击"添加"按钮，输入服务器地址，单击"确定"按钮，如图 9.33～图 9.35 所示。

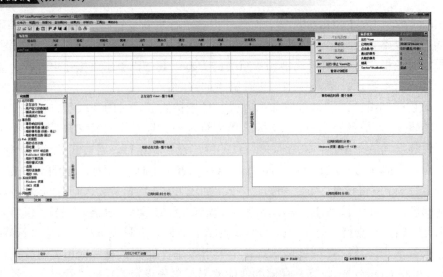

图 9.32 Controller 中运行标签页

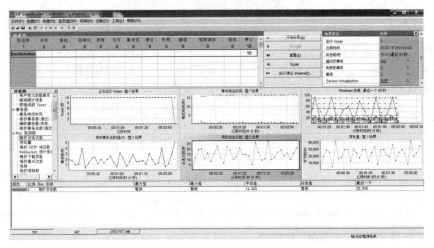

图 9.33 Controller 中的运行指标——每秒点击数

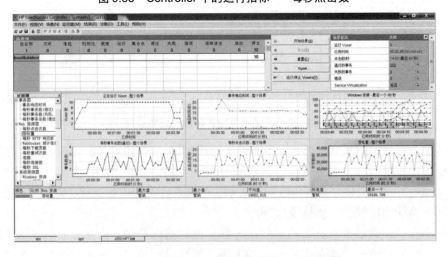

图 9.34 Controller 中的运行指标——吞吐量

性能测试 模块 9

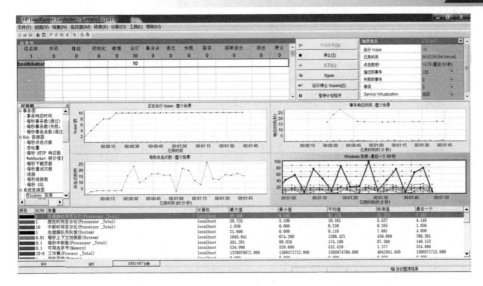

图 9.35　Controller 中的运行指标——服务器资源占用

(15) 场景运行结束后，选择"结果"→"分析结果"命令，打开 Analysis 结果分析器，可以查看摘要报告，如图 9.36 所示，可以展示每个事务的指标，事务平均响应时间越小越好，90%事务响应时间越小越好，事务通过成功率越大越好。

也可以选择每一个指标的详细分析结果图，平均事务响应时间详情如图 9.37 所示。

5) LoadRunner 的 Analysis 组件提供的常用图表

LoadRunner 的 Analysis 组件提供的常用图表可以分为以下六类。

(1) Vuser 显示有关 Vuser 状态和统计信息。Vuser 类通常包括运行用户和虚拟用户概要两种图。运行用户图是关于虚拟用户加压、施压、减压的情况图；虚拟用户概要图是用户运行结果的综述图。这类图一般都是和其他图合并分析。

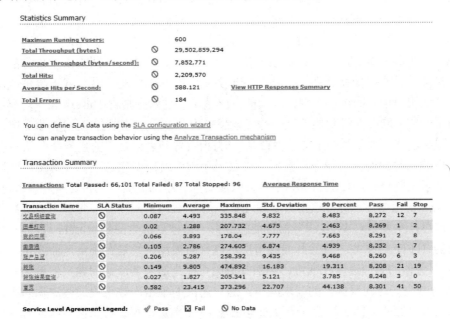

图 9.36　Analysis 中摘要分析报告

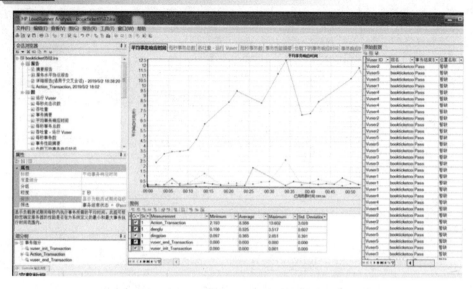

图 9.37　Analysis 中平均事务响应时间详情

(2) Errors 显示在场景运行过程中的错误统计信息。Errors 类主要包括的图有错误统计、错误统计描述、每秒错误数统计描述、每秒错误数、每秒总错误数等。

(3) Transactions 显示有关事务及其响应时间的信息 Transactions 类主要包括的图有平均事务响应时间、每秒事务数、每秒事务总数、事务概要、事务性能概要、负载下事务响应时间、事务响应时间(百分比) 和每个时间段上的事务数。①平均事务响应时间图反映随着时间的变化事务响应时间的变化情况，时间越小说明处理的速度越快。②每秒事务数图反映了系统在同一时间内能处理业务的最大能力，这个数据越高，说明系统处理能力越强，当然这里的最高值并不一定代表系统的最大处理能力，TPS 会受到负载的影响，也会随着负载的增加而逐渐增加，当系统进入繁忙期后，TPS 会有所下降，而在几分钟以后开始出现少量的失败事务。③每秒事务总数图显示在场景运行时，在每一秒内通过的事务总数、失败的事务总数及停止的事务总数。④事务概要图显示通过的事务数越多，说明系统的处理能力越强，失败的事务越少，说明系统越可靠。⑤事务性能概要图给出了事务的平均时间、最大时间、最小时间柱状图，方便分析事务响应时间的情况。⑥负载下事务响应时间图显示在负载用户增长的过程中响应时间的变化情况，这张图是将 Vusers 和平均事务响应时间图做了一个关联合并得到的，该图的线条越平稳，说明系统越稳定。⑦ 事务响应时间(百分比) 图显示有多少比例的事务发生在某个时间内(看到百分之几的事务是在几秒内的)，也可以发现响应时间的分布规律，数据越平稳说明响应时间变化越小。⑧每个时间段上的事务数图显示在每个时间段上的事务个数，响应时间较小的分类下的事务数越多越好。

(4) Web 资源图显示每秒点击数、吞吐量、每秒 HTTP 响应数、每秒下载页数和每秒连接数等信息，主要是对 Web 服务器性能的分析。每秒点击数图是 Vusers 每秒向 Web 服务器提交的 HTTP 请求数。查看其曲线情况可以判断被测系统是否稳定，曲线呈下降趋势表明 Web 服务器的响应速度在变慢，当然其原因可能是服务器瓶颈问题，但是也有可能是 Vusers 数量减少，访问服务器的请求减少。这里所说的单击次数是根据客户端向服务器发起的请求次数计算的。例如，若一个页面里包含 10 张图片，那么在访问该页面时，鼠标仅单击 1 次，但是服务器收到的请求数却为 1+10(每张图片都会向服务器发出请求)，故此时其单击次数为 11。吞吐量图反映了服务器在任意时间的吞吐能力，即任意时间服务器发送给 Vusers 的流量，它是度量服务器性能的重要指标。HTTP 状态码概要图表示从服务器返回的带有 HTTP 状态的数量分布，其 HTTP 状态有 HTTP 200、HTTP 302、HTTP404 等。每秒 HTTP 响应数图显示场景执行期间每秒从 Web 服务器返回的 HTTP 状态码且以状态码分组。每秒下载页数图显示场景执行期间每秒从服务器下载的页面数。每秒连接数图显示单位时间里新建或关闭的 TCP/IP 连接数。该图呈下降趋势，就表明每秒连接数在减少，即服务器性能在下降。

(5) 网页细分图可以很好地定位环境问题，如客户端问题、网络问题等，也可以很好地分析应用程序本身的问题，如网页问题等，它显示脚本中每个受监控 Web 页面的数据，主要包括的图有网页分析、页面组件细分、页面组件细分(随时间变化)、页面下载时间细分、页面下载时间细分(随时间变化)、第一次缓冲时间细分、第一次缓冲时间细分(随时间变化)、下载组件的大小。网页分析图是对测试过程中所有页面进行一个信息汇总，可以很容易地观察出哪个页面下载耗时，然后选择该页面的分解图，分析耗时原因。页面组件细分图显示不同组件的平均响应时间占整个页面平均响应时间的百分比，此图为饼状图，可以很容易地分析出页面的哪个组件耗时较多。页面组件细分(随时间变化)图显示任意时间不同组件的响应时间曲线图。页面下载时间细分图显示页面中不同组件在不同阶段的柱状图。页面下载时间细分(随时间变化)图显示任意时间不同组件在不同阶段的响应时间曲线图。第一次缓冲时间细分图显示不同页面第一次缓冲并下载完成所需时间的柱状图，此图在分析测试结果时十分重要，其不仅能分析出哪个页面耗费时间长，而且能分析出之所以耗时是网络问题还是服务器问题。客户端发出 HTTP 请求并接收到服务器端的应答报文(ACK)所经时间为网络时间，客户端从接收到 ACK 到完成下载所经时间为服务器时间。若服务器时间明显大于网络时间且是其几倍，则服务器可能存在性能瓶颈。第一次缓冲时间细分 (随时间变化) 图显示场景执行期间不同页面在任一时间点的网络时间 和服务时间分布曲线图。下载组件的大小通过饼状图显示不同页面在整个下载量所占的百分比例。

(6) 系统资源图显示系统资源使用率数据，包括 CPU 使用率、可用物理内存大小、每秒读取页面数及平均磁盘队列长度等。通过该类图的分析，可把瓶颈定位到特定计算机的某个部件上。系统资源图种类繁多，例如 Windows 资源图、UNIX 资源图、服务器资源图等。

至此，介绍了较常用的性能测试结果分析图。Analysis 图种类繁多，覆盖知识面广，读者需结合各类图的讲解不断总结积累项目经验，从而达到灵活进行性能结果分析的能力。

9.5.2　JMeter

1. JMeter 工具介绍

JMeter 是由 Apache 公司开发和维护的一款开源的性能测试工具。JMeter 以 Java 作为底层支撑环境，它最初是为测试 Web 应用程序而设计的，但后来随着发展逐步扩展到了其他领域。现在 JMeter 可用于静态资源和动态资源的测试，如 Servlets、Perl 脚本、Java 对象、数据查询、FTP 服务等。它可用于模拟大量的服务器负载、网络负载、软件对象负载，通过不同的加载类型全面测试软件的性能。

2. JMeter 的原理及组件

JMeter 的基本原理是模拟多用户并发访问应用程序，通过发送 HTTP 请求或其他协议请求，测量响应时间、吞吐量、并发用户数、错误率等性能指标，以评估应用程序的性能和稳定性。

JMeter 支持 HTTP、HTTPS、FTP、TCP、JDBC 和 JMS 等协议，可以模拟多种网络环境和应用程序场景。JMeter 能够进行负载测试、压力测试、基准测试和分布式测试等多种测试类型，适用于不同的性能测试需求，它还支持多种测试场景，包括并发用户数、持续时间、循环次数和延迟时间等，可以模拟真实的使用场景。JMeter 的测试结果收集和显示方式，包括聚合报告、图形结果、树形结果和控制台输出等，便于性能分析和优化。

JMeter 包括以下组件。

1) 测试计划(Test Plan)

测试计划是 JMeter 中的最高层次，包括多个线程组、配置元件和监听器等。测试计划用于设置全局的测试参数，如测试名称、工作目录、线程数和持续时间等。

2) 线程组(Thread Group)

线程组是 JMeter 中用于模拟并发用户访问的应用程序组件，包括一组线程(用户)和一组控制器(逻辑控制)。线程组用于设置线程数、循环次数、持续时间和延迟等参数，控制器用于设置线程(用户)的请求和响应的逻辑控制。

3) HTTP 请求(HTTP Request)

HTTP 请求是 JMeter 中模拟客户端向服务器发送 HTTP 请求的组件。HTTP 请求包括请求的 URL、协议、方法、参数、头部和 Body 等，可以模拟 GET、POST、PUT、DELETE 等 HTTP 请求方法，以测试应用程序的响应速度和性能。在 HTTP 请求中，可以设置请求的参数、响应的断言和监听器等，以收集和显示测试结果。

4) 控制器(Controller)

控制器用于控制测试计划和线程组的执行流程，包括简单控制器、随机控制器、循环控制器和条件控制器等。

5) 监听器(Listener)

监听器是 JMeter 中收集和显示测试结果的组件，包括聚合报告监听器、图形结果监听器、树形结果监听器和控制台输出监听器等。监听器用于监控测试结果，以评估应用程序的性能和稳定性，并生成报告。

6) 断言(Assertion)

断言是 JMeter 中验证 HTTP 响应的状态码、内容和格式的组件，包括响应码断言、响应内容断言和响应时间断言等。断言用于验证 HTTP 响应的正确性和完整性，以确保应用程序的功能和性能。

7) 配置元件(Config Element)

配置元件用于配置测试计划和线程组的属性和参数，包括 HTTP 请求默认值、CSV 数据文件配置和用户定义的变量等。

8) 启动器(Timer)

启动器用于在发送 HTTP 请求前或线程开始前等待一段时间，以模拟用户的行为。启动器可以设置线程组的执行前等待时间，以模拟真实的使用场景。

9) 前置处理器(Pre-Processor)

前置处理器用于在发送 HTTP 请求前进行处理，包括用户参数、CSV 数据集和 HTTP Cookie 等。

10) 后置处理器(Post-Processor)

后置处理器用于在接收 HTTP 响应后进行处理，包括正则表达式提取器和 XPath 提取器等。

3．JMeter 的安装和基础使用

1) JMeter 的安装

从 Apache JMeter 官方网站下载 JMeter，如 Apache JMeter 5.2 版本，安装 JDK1.8 及以上版本，配置好 JAVA 环境变量。把 Apache JMeter 5.2 压缩包解压到一个英文名称的目录下，如 D:\。在用户变量中新建用户名 JMETER_HOME，变量值为 D:\apache-jmeter-5.2。在系统变量 CLASSPATH 中添加变量值%JMETER_HOME%\lib\ext\ApacheJMeter_core.jar;%JMETER_HOME%\lib\jorphan.jar，增加 PATH 的变量值%JMETER_HOME%\bin。验证是否配置成功，通过打开 DOS 窗口，输入 jmeter，或者进入 JMeter 的 bin 目录，双击 jmeter.bat，看是否能启动 JMeter 窗口。

JMeter 解压后的工作目录，如图 9.38 所示。

图 9.38　JMeter 的工作目录

bin：用于放置各项配置文件(如日志设置、JVM 设置)、启动文件、启动 Jar 包、示例脚本等。

docs：放置 JMeter API 的离线帮助文档。

extras：JMeter 辅助功能，提供与 Ant、Jenkins 集成的可能性，用来构建性能测试自动化框架。

lib：JMeter 组件以 Jar 包的形式放置在 lib/ext 目录下，如果要扩展 JMeter 组件，Jar 包就放在此目录下，JMeter 启动时会加载此目录下的 Jar 包。

printable_docs：放置 JMeter 的离线帮助文件，可用来学习 JMeter。

2) 基础使用

(1) 启动 JMeter 后，进入如图 9.39 所示的工作区，在 JMeter 中元件是向服务器发送 HTTP 请求时，HTTP 请求取样器可以完成的一个请求。

JMeter 工作区可以分为 3 个区域。

最上面是菜单栏，从左到右依次是：新建测试计划；选择测试计划模板；选择并打开已经存在的测试计划；保存测试计划；剪切选定的元件，如果元件是父节点，那么其子节点元件也一同被剪切；复制选定的元件及子元件；粘贴复制的元件及子元件；展开目录树；收起目录树；禁用或者启用元件，禁用元件的子元件也会被禁用；开始运行当前测试计划，按线程组的设置来启动；立即开始在本机运行当前测试计划；停止运行状态的测试计划，当前线程执行完成后停止；停止运行测试计划，立即终止，类似于杀进程；清除运行过程中元件显示的响应数据，如查看结果树中的内容、聚合报告中的内容，但不能清除日志控制台中的内容；清除所有元件的响应数据，包括日志；查找；清除查找；函数助手对话框，这些函数在做参数化时会用到；帮助文档快捷方式。

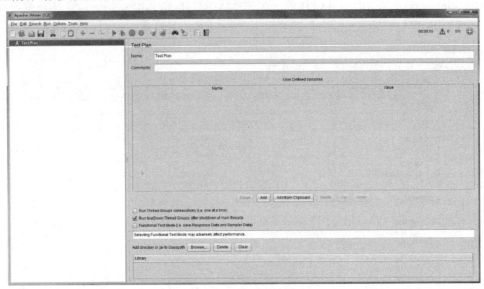

图 9.39　JMeter 的工作区

最左边是目录树，存放测试设计中使用到的元件，执行过程中默认从根节点开始顺序遍历目录树上的元件。

右边部分是测试计划编辑区，在"用户定义的变量"区域可以定义整个测试计划共用的全局变量，这些变量对所有线程组有效；还可以对线程组的运行进行设置，比如"独立运行每个线程组""主线程结束后运行 tearDown 线程组"等；另外还可以在此继续添加测试计划依赖的 jar 包，例如可以通过导入 JDBC 的驱动包连接数据库。

(2) JMeter 提供了 HTTP 代理方式进行脚本录制，也支持使用第三方工具 Badboy 进行录制。Badboy 是一个具有录制、回放及调试功能的浏览器模拟工具，双击安装包，依次配置安装路径进行安装，安装后的界面如图 9.40 所示。它可以捕获请求数据、记录系统响应时间、响应数据大小，可以进行 Web 页面诊断，也可以进行自动化测试。Badboy 录制的脚本可以导出为 JMeter 格式。

性能测试 模块 9

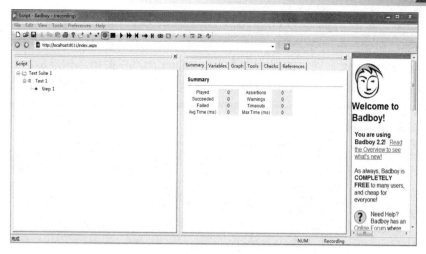

图 9.40　Badboy 的工作区

(3) Badboy 脚本是 Script 的目录树结构。打开时 Test Suite 1 和 Step 1 默认存在。

Test Suite 1：默认的脚本根节点，类似于 JMeter 中的测试计划根节点。

Test 1：测试活动根节点，可以理解成一个业务功能的脚本存放在此目录下。

Step1：测试活动的步骤，如果一个业务过程比较复杂，则可以分成多个测试步骤。步骤只是为了细分各个动作，所以也可以放在一个 Step 中完成，也可以在导入 JMeter 后再根据业务需要进行拆分或者封装成块。

例如，以 LoadRunner 的 WebTours 系统为例，打开 WebTours 系统服务后，在访问地址栏中输入网址 http://127.0.0.1:1080/WebTours/index.htm。单击 或按回车进行录制，将操作拆分成 3 个步骤，单击 按钮添加 Step。

Step 1：打开 WebTours 首页。如图 9.41 所示。

Step 2：输入用户名 jojo 和密码 bean，单击 login 按钮。

Step 3：单击 Sign Off 按钮退出。

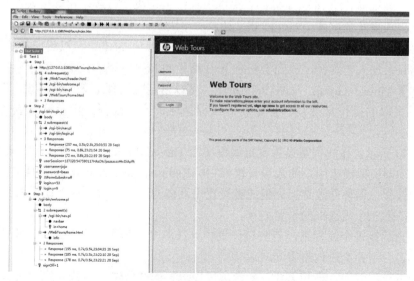

图 9.41　Badboy 录制 WebTours 系统

(4) Badboy 录制的脚本可以导出成 JMeter 脚本供 JMeter 使用。执行 File→Export to JMeter 命令，导出为 JMeter 可识别的脚本 jmx 文件。在 JMeter 中选择 File→Open 命令，载入该 Script.jmx 文件，如图 9.42 所示，JMeter 脚本以树形结构显示，并顺序执行。

在图 9.42 所示界面中，测试计划的名称、注释、用户定义全局变量可以进行自定义。

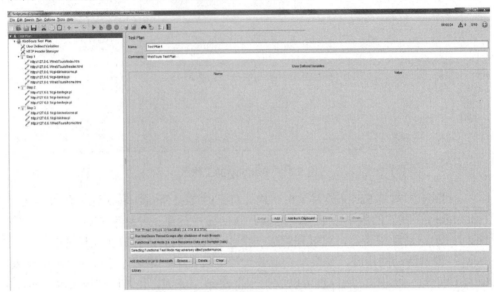

图 9.42　导入 WebTours 系统到 JMeter

3 种配置选项可以根据需要进行勾选。

① 独立运行每个线程组(一次一个)。若测试计划中存在多个线程组，选择此项则设置为独立运行状态，否则各个线程组将同时运行。

② 主线程结束后运行 tearDown 线程组。此选项用以关闭主线程后运行 tearDown 程序来正常关闭线程组(运行的线程本次迭代完成后关闭)。

③ 函数测试模式(保存响应数据和采样数据)。调试脚本过程中可以勾选此项获取详细信息。注意，选择此项可能会对性能测试效率产生影响。

添加目录或 jar 包到 ClassPath：当测试时需要依赖其他 jar 包，可以将所依赖的 jar 包或将包所在的目录加入类路径，放到 JMeter 所在路径的 lib 目录下。

(5) 配置 Thread Group，如图 9.43 所示。可以自定义线程组名称、描述，选择设置采样器错误后采取的操作是继续、开始新的线程循环、停止线程、停止测试或者立即停止测试。

如图 9.43 所示，在线程组设置支持线程属性 Thread Properties 配置选项，将 Number of Threads(users)即模拟虚拟用户的数量设置为 10，Ramp-up period(seconds)加压启动时长为每秒启动两个线程，循环计数选择无限或者设置出具体的运行次数，这里设置 3。

另外，下面三个复选框的设置如下。

① 独立运行每个线程组。若测试计划中存在多个线程组，选中此复选框则设置为独立运行状态，否则各个线程组将同时运行。

② 延迟线程创建，直到需要。此选项用以运行的线程本次迭代完成后关闭。

③ 指定线程生存期。可以通过选中此复选框设置线程生存期时间和启用延迟。

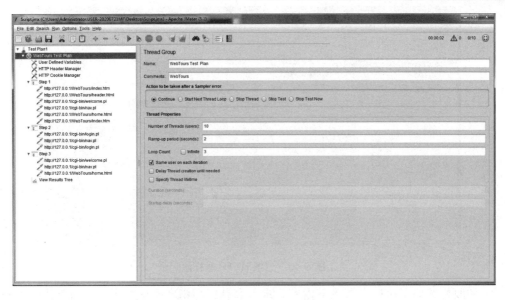

图 9.43 Thread Group 的配置

(6) 选中线程组并右击,在弹出的快捷菜单中选择 Add→Config Element→添加 HTTP Cookie 管理器(HTTP Cookie Manager),如图 9.44 所示。JMeter 可以像浏览器一样自动记录 Cookie 信息,自定义名称、描述,勾选每次迭代清除 cookies。

另外,默认加载的两个配置元件:一个元件是用户定义的变量(User Defined Variables),在此可以定义变量并赋值以供后续元件使用;一个元件是 HTTP 信息头管理器(HTTP Header Manager),用于管理 HTTP 头信息,从中可以找到诸如 User-Agent、Accept、Accept-Language 等信息。

(7) 本次测试中是通过 Badboy 录制了请求并导入脚本。如果在进行其他页面访问的时候没有导入录制的页面访问请求,可以通过右击线程组,在弹出的快捷菜单中选择 Add→Sampler→HTTP Request 命令来加入取样器,如图 9.45 所示。

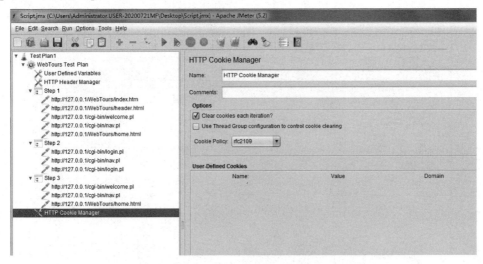

图 9.44 Thread Group 配置 HTTP Cookie 管理器

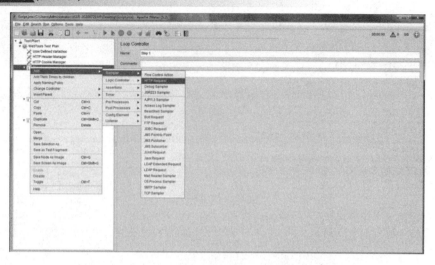

图 9.45 添加 HTTP 取样器

添加取样器后，可以设置以下内容。录入名称：标识一个取样器，建议使用一个有意义的名称。注释：对于测试没有作用，用户记录用户可读的注释信息。协议：向目标服务器发送 HTTP 请求时的协议，可以是 http 或者是 https 或者 File，默认值为 http。服务器名称或 IP：HTTP 请求发送的目标服务器名称或 IP 地址。端口号：目标服务器的端口号，默认值为 80，https 的端口为 443。发送 HTTP 请求的方法：可用方法包括 GET、POST 等。路径：目标 URL 路径(不包括服务器地址和端口)。内容编码：默认值为 iso8859；一般都填入 utf-8。

自动重定向：如果选中该选项，当发送 HTTP 请求后得到的响应是 302/301 时，JMeter 会自动重定向到新的页面，但是 JMeter 是不记录重定向的过程内容。

跟随重定向：Http 请求取样器的默认选项，当响应 code 是 3xx 时，自动跳转到目标地址。与自动重定向不同，JMeter 会记录重定向过程中的所有请求响应，在查看结果树时能看到服务器返回的内容，如有多个跳转则多个请求都会被记录下来。如图 9.46 所示。

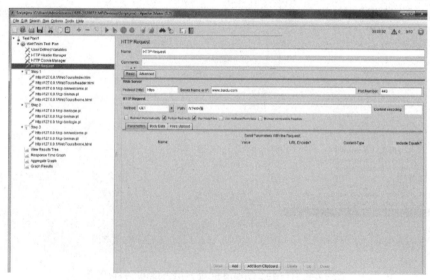

图 9.46 添加访问百度的 HTTP 取样器

(8) 为了查看结果,在回放前,可以从 16 个监听器中,选择加入查看结果树 View Results Tree 和图形结果 Graph Results 这两个监听器,右击线程组,在弹出的快捷菜单中选择 Add→Listener→View Results Tree 命令,再右击线程组,选择 Add→Listener→Graph Results 命令,如图 9.47 所示。

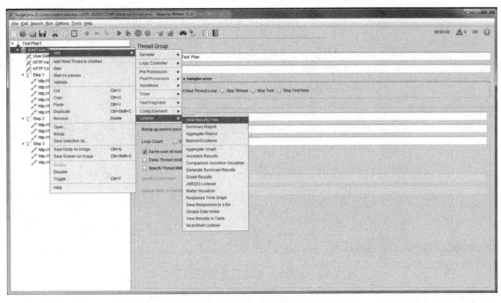

图 9.47　添加 HTTP 取样器

(9) 单击 ▶ 运行,单击监听器查看结果树 View Results Tree,可以看到回放结果如图 9.48 所示,可以看到响应码为 200,成功响应,响应信息为 OK。

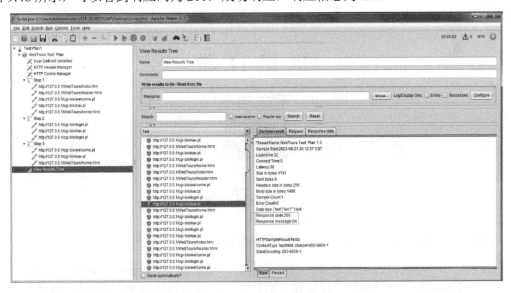

图 9.48　JMeter 脚本回放查看结果树

(10) 单击监听器图形结果 Graph Results,可以看出平均响应时间为 94 毫秒,吞吐量为 2815.013 每分钟。如图 9.49 所示。

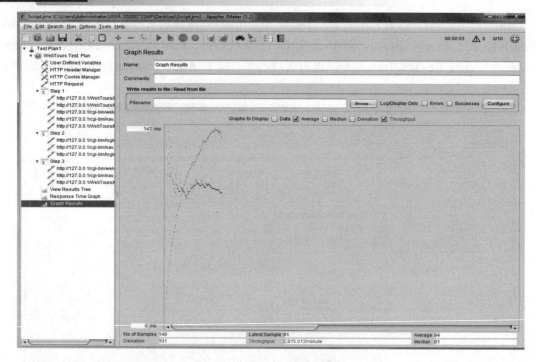

图 9.49　JMeter 脚本回放查看图形结果

　　LoadRunner 和 JMeter 这两款主流的性能测试工具，能够让我们以自动化的手段，有效开展性能测试工作，工具自带的报告结果让我们能评估出系统的性能表现，以便我们反馈给开发工程师进行系统性能瓶颈的调优。但是，要想用好这两款工具，还需要我们继续进行系统全面的学习，需要同学们不畏艰难、求知探索、大胆创新，不断积累项目经验，养成独立分析和解决问题的好习惯。

知 识 自 测

实 践 课 堂

任务一：使用 LoadRunner 工具进行性能测试

　　请你对"大理农文旅电商系统"的登录功能，使用 LoadRunner 工具进行性能测试。设计出具体的性能测试用例，并测试登录的响应时间是否符合预期，并填写实际的性能结果指标。

测试场景：

压力点名称	用户总数	用户递增策略		停止策略
		递增数量	递增间隔(S)	

测试用例：

用例编号	XN-001		
性能指标	平均响应时间		
用例目的			
前提条件			
步骤序号	输入/动作	期望结果(平均值)	实际结果(平均值)

任务二：使用 JMeter 工具进行性能测试

请你对"大理农文旅电商系统"的登录功能，使用 JMeter 工具进行性能测试。设计出具体的性能测试用例，并测试登录的响应时间是否符合预期，并填写实际的性能结果指标。

测试场景：

场景名称	用户总数	启动时长	启动延迟	执行时间	循环次数

测试用例：

用例编号	XN-001		
性能指标	平均响应时间		
用例目的			
前提条件			
步骤序号	输入/动作	期望结果(平均值)	实际结果(平均值)

学生自评及教师评价

学生自评表

序 号	课堂指标点	佐 证	达 标	未达标
1	性能测试定义	阐述出性能测试的概念		
2	性能测试目标及作用	阐述出性能测试的目标及作用		
3	性能测试指标术语	能辨析不同性能测试指标的作用和意义		
4	性能测试流程	按照性能测试规范流程开展性能测试		
5	性能测试工具原理	运用性能测试工具完成软件的性能测试		
6	评估系统性能表现	能分析评估软件系统性能指标及表现		
7	知识探索精神	敬业乐业,不畏艰难、大胆创新		
8	系统思维	整体、全面、系统地思考		
9	工匠精神	注重细节,对指标和数据的准确性和可信度有高度的敏感性		

教师评价表

序 号	课堂指标点	佐 证	达 标	未达标
1	性能测试定义	阐述出性能测试的概念		
2	性能测试目标及作用	阐述出性能测试的目标及作用		
3	性能测试指标术语	能辨析不同性能测试指标的作用和意义		
4	性能测试流程	按照性能测试规范流程开展性能测试		
5	性能测试工具原理	运用性能测试工具完成软件的性能测试		
6	评估系统性能表现	能分析评估软件系统性能指标及表现		
7	知识探索精神	敬业乐业,不畏艰难、大胆创新		
8	系统思维	整体、全面、系统地思考		
9	工匠精神	注重细节,对指标和数据的准确性和可信度有高度的敏感性		

模块 10

总结测试报告

教学目标

知识目标

◎ 理解软件测试报告的概念及意义。
◎ 掌握软件测试报告的内容。
◎ 了解软件测试报告的编写原则。

能力目标

◎ 具备归纳总结、汇报软件测试结果的能力。
◎ 具备生成报告图表的能力。

素养目标

◎ 培养学生遵循软件测试行业规范的意识。
◎ 树立学生以真实数据为依据的质量意识。
◎ 培养学生客观、公平、公正的品质。
◎ 培养学生的团队协作精神及表达能力。

知识导图

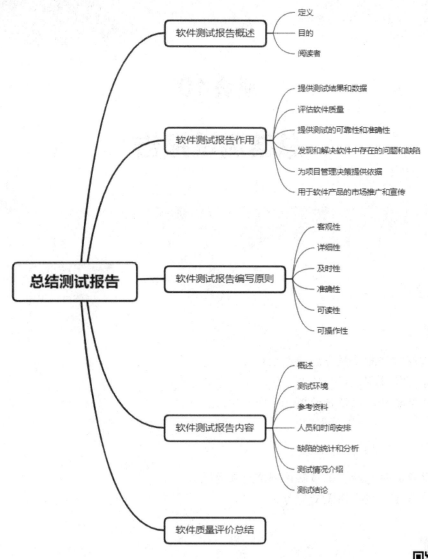

知识准备

软件测试报告
（微课）

10.1 测试报告

10.1.1 测试报告概述

软件测试报告是一份描述软件的测试过程、测试环境、测试范围、测试结果的文档，用来分析总结系统存在的风险及测试结论。它包含了测试用例的执行情况、通过率、Bug问题汇总、Bug分布情况等测试结果，以及系统存在的风险和测试结论。

软件测试报告以文档形式展示测试的过程和结果，对发现的问题和缺陷进行分析，是软件项目是否能够结项的重要参考和依据，同时为软件验收和交付打下基础。目的是总结测试活动的结果，并根据结果对此次测试进行评价，旨在提供软件质量的评估和反馈，帮助开发人员发现并修复问题，提高软件的质量和稳定性。

软件测试报告的阅读者有开发人员、测试经理、产品经理、项目负责人等。

软件测试报告是测试阶段最后的文档产出物，优秀的测试经理应该具备良好的文档编写能力。一份详细的测试报告包括产品质量和测试过程的评价、测试中的数据采集及对最终的测试结果分析。

10.1.2 测试报告的作用

软件测试报告的作用主要有以下几个方面。

1. 提供测试结果和数据

软件测试报告可以提供详细的测试结果和数据，包括测试的覆盖率、通过的测试用例数、未通过的测试用例数等。这些数据可以帮助项目团队对软件质量进行评估，找出可能存在的问题和风险。

2. 评估软件质量

软件检测报告可以帮助项目团队评估软件质量，判断软件是否符合预期的要求和需求，客观地评估软件的可靠性和稳定性，为用户选择适合的软件产品提供了重要的参考依据。通过测试报告，可以了解软件的功能完整性、稳定性、性能等方面的情况，以及是否存在缺陷和漏洞。

3. 提供测试的可靠性和准确性

测试报告可以提供测试的可靠性和准确性。测试报告中可以包含详细的测试步骤和环境配置，以及测试数据和实际结果。这些信息可以帮助项目团队评估测试的可靠性和准确性，以及测试过程中的可重复性。

4. 发现和解决软件中存在的问题和缺陷

测试报告可以帮助软件开发者和维护人员发现和解决软件中存在的问题和缺陷。通过对软件进行全面的测试和分析，软件检测报告能够帮助开发者和维护人员找出软件中的漏洞和不足之处，并提供相应的改进意见和建议，提高软件的质量和用户体验。

5. 为项目管理决策提供依据

软件测试报告可以为项目的管理决策提供依据。通过测试报告，项目团队可以了解软件的测试进展情况、测试效果和问题分布情况等。这些信息可以帮助项目团队及时调整测试策略和计划，并对项目进展进行合理的评估和安排。

6. 用于软件产品的市场推广和宣传

一个全面、准确的软件检测报告可以增加用户对软件的信任度和购买欲望，提升软件的市场竞争力。

综上所述，软件测试报告对于评估软件质量、提高沟通效率、改进测试过程、发现和解决软件中存在的问题和缺陷、为项目管理决策提供依据、软件产品的市场推广和宣传等方面都具有重要的作用。

10.1.3 测试报告的编写原则

1. 客观性

测试报告应该客观地描述测试的结果和结论，避免主观性和模糊性的语言。报告中不应该有主观臆断或夸大其词的描述，测试结果应基于充分的测试数据和实验证据。

2. 详细性

测试报告应该详细地描述测试的步骤、条件、结果和异常情况，以便读者能够理解测试的过程和结论。

3. 及时性

测试报告应该及时发布，以便开发团队能够及时了解测试结果并采取相应的措施。

4. 准确性

测试报告应该准确地描述测试结果和结论，避免误导和误解。

5. 可读性

测试报告应该具有良好的可读性，以便不同背景的读者能够理解测试的结果和结论。

6. 可操作性

测试报告应该提供具体的操作建议和改进方案，以便能采取有效措施改进软件质量。

纵观一些软件测试报告，可能测试人员基于规避自己的责任，或者迫于软件开发经理的压力，导致在报告中尽写一些模棱两可的结论。这样的测试报告是没有任何作用的，更多体现了测试团队的懦弱和无能。一个有效的测试报告，关键是有一个建立在真实测试数据上，客观、公正的明确结论。公司领导把质量交付给你，是希望你能保证公司的软件质量，如果结论都闪烁其词，你让公司怎么相信、支持测试团队。

测试报告中关键的一点，必须客观真实地反映软件测试的质量检测结果，所以在报告中，应该排除过多的个人因素。但是，如果你有一些想法和建议，也可以在报告结论之后进行附加说明。测试人员除了发现缺陷，还有一些具有创造性的东西。

前面已经提到，测试报告中最重要的就是要有明确的结论。有可能是一组数据，也有可能是一句话。这些结论不管以何种形式展现出来，有个重要的原则：每条结论必须建立在事实、数据上。测试结论不能依照少量的不可靠的数据进行推测，更不能凭空捏造。否则，整个测试报告就真正沦为了一个形式，可能还会因此导致一些未知的负面后果。

测试报告的读者往往是项目经理，或者公司高层，更有甚者为软件买单客户。所以测试报告应尽可能以直观的形式展现出来。比如数据最好以列表的形式展现出来，测试迭代情况最好以折线图展现出来，并在图表下配以文字说明。这样的测试报告不仅赏心悦目，更让高层见到了测试团队的专业性，从而更容易获得认可。

10.2 测试报告的内容

10.2.1 概述

软件测试报告的概述部分通常包括以下内容。
(1) 项目背景：简要介绍测试的软件系统、项目的背景和需求。
(2) 测试目的：明确测试的目的和测试的总体要求，以及测试的范围和重点。
(3) 测试环境：描述所需的软件和硬件环境，包括操作系统、数据库、网络环境等。
(4) 测试策略：描述测试的总体策略和方法，包括测试设计、测试执行、测试监控等。
(5) 测试范围：明确测试所覆盖的模块和功能点，以及测试的深度和广度。
(6) 测试限制：说明测试中存在的限制和约束条件，如测试时间、测试资源等。
(7) 测试依据：列出测试所依据的标准、规范和要求，如软件开发规范、测试规范、质量保障规范等。

以上是软件测试报告的概述的主要部分内容，根据实际情况和需求，可以适当调整和补充。通过概述，读者可以对测试的整体情况有一个清晰的认识和了解。

10.2.2 测试环境

软件测试报告中的测试环境指的是软件系统实际部署的硬件环境，以及其他相关的辅助环境。以下是测试环境的具体内容。
(1) 软件环境：包括操作系统、数据库、Web 服务器、应用服务器等软件组件。这些组件的版本和配置都会影响软件系统的测试结果。
(2) 硬件环境：包括计算机的处理器、内存、硬盘等硬件设备。这些设备的性能和容量也会影响软件系统的测试结果。
(3) 辅助环境：包括网络环境、安全设置、外部接口等。这些环境的配置和稳定性也会影响软件系统的测试结果。

软件测试报告应详细描述测试环境的配置和状态，以便读者能够理解和重复测试结果。同时，应说明测试工具和测试方法的选用，以及测试数据的来源和处理方式。

10.2.3 参考资料

软件测试报告中的参考资料是在测试过程中引用的文档和资料。这些参考资料如下。
(1) 软件需求规格说明书：描述软件系统的功能需求和非功能需求的文档。
(2) 概要设计文档：描述软件系统设计思路和主要技术实现的文档。
(3) 详细设计文档：描述软件系统各个模块的具体实现细节的文档。
(4) 用户手册：描述软件系统的使用方法和操作步骤的文档。
(5) 其他测试文档：如测试计划、测试用例、缺陷报告等。
(6) 相关标准和规范：如软件质量国家标准、测试规范、软件开发规范等。

在软件测试报告中应列出所有引用的参考资料，以便读者能够了解测试报告的背景和依据。同时，报告也需要适当引用和参考这些参考资料，以支持测试结果和结论。

10.2.4 人员和进度安排

软件测试报告中的人员和进度安排指的是在实际的测试过程中涉及的人和测试的具体安排。

人员安排包括：测试团队，由测试经理、测试工程师、测试人员等组成，负责执行测试计划和提交测试报告；开发团队，开发团队由开发人员、项目经理等组成，负责修复测试中发现的缺陷和问题；其他相关人员，如用户代表、质量保障人员等，参与测试过程和测试结果的评估。

测试进度安排包括：测试计划时间，根据测试需求和测试用例的数量，制订测试计划的时间安排；测试执行时间，根据测试计划的安排，实际执行测试用例的时间；测试报告时间，根据测试结果的评估，编写和提交测试报告的时间。

在引言部分简要介绍人员安排和进度安排，以便读者了解测试过程的组织和执行情况。同时，根据实际情况进行调整和优化，以确保测试过程的顺利进行和测试结果的准确性。

10.2.5 缺陷的统计和分析

软件测试报告中的缺陷统计和分析是评估软件质量的重要部分。通过统计缺陷的数量、类型、分布和严重程度，可以了解软件系统的弱点和不足，并提供改进建议。

缺陷统计的形式灵活多样，根据项目具体情况可以选择的统计方式如下。

(1) 缺陷总数：记录测试过程中发现的缺陷总数，以评估软件的质量和稳定性。

(2) 缺陷类型：将缺陷按照类型进行分类，如布局、翻译、功能、双字节等，以了解缺陷的分布情况。

(3) 缺陷分布：分析缺陷在各个模块和功能点的分布情况，以发现存在较多缺陷的模块和需要重点关注的区域。

(4) 缺陷严重程度：根据缺陷对软件的影响程度，将缺陷分为不同级别，如致命、严重、一般等，以评估软件的可靠性和安全性。

(5) 缺陷覆盖情况：测试用例对缺陷的覆盖程度。如果缺陷覆盖率较低，说明测试用例设计可能存在不足，需要进一步改进和优化。如果缺陷覆盖率较高，则说明测试用例设计较为完善，能够发现大部分的缺陷。但是，也需要分析测试用例的通过率和缺陷修复率等其他指标，以更全面地评估软件的质量和测试效果。

(6) 缺陷发展趋势：在测试过程中缺陷数量的变化趋势。一般来说，随着测试的进行，缺陷数量会逐渐减少。缺陷发展趋势可以通过缺陷发现率来描述。缺陷发现率是一条曲线，横轴表示测试时间，纵轴表示缺陷发现数量。曲线下降的速度越快，缺陷发现率就越低，说明软件质量越好。在软件测试报告中，绘制缺陷发展趋势图可以直观地展示缺陷发现率和缺陷数量的变化情况。如果缺陷发展趋势图中缺陷数量居高不下或者没有明显的下降趋势，说明软件质量可能存在较大的问题，需要进一步改进和优化。如果缺陷发展趋势图中缺陷数量逐渐下降，说明软件质量较好，测试效果较好。

缺陷分析包括以下几个方面。

(1) 缺陷原因：如设计不合理、编程错误、测试不足等，以提供改进建议。

(2) 缺陷后果：如功能失效、性能下降、安全漏洞等，以评估软件可靠性和安全性。

(3) 缺陷修复建议：根据缺陷的分析结果，提出相应的修复建议，包括修改设计、重新编程、优化性能等，以提供给开发团队参考和改进。

通过对缺陷进行详细的统计和分析，可以提供准确的数据支持我们的测试结论和改进建议。同时，需要将缺陷信息提供给开发团队，以便他们及时修复和改进软件系统。

10.2.6 测试情况介绍

测试情况主要包括以下几点。

(1) 测试范围：描述测试所覆盖的模块和功能点，以及测试的深度和广度。

(2) 测试方法：描述测试过程中使用的测试方法和工具，如黑盒测试、白盒测试、灰盒测试、自动化测试等。

(3) 测试数据：描述测试过程中使用的测试数据类型和来源，测试数据的处理方式。

(4) 测试结果：描述测试用例的执行情况、通过率、缺陷问题、分布情况等测试结果。

(5) 其他情况：包括测试过程中的其他特殊情况或问题的描述。

此外还包括测试的内容项说明，如功能测试具体的测试项及测试通过情况；性能测试的测试项及测试通过情况等。在软件测试报告中，需要对测试情况进行详细的介绍和说明，以便读者能够了解测试过程和测试结果。

10.2.7 测试结论

软件测试报告中的测试结论是对测试结果的总结和评价以及测试人员就本次测试的一些收获和成果，旨在提供软件系统的问题总结和改进建议。测试结论包括以下方面。

(1) 测试目标：明确测试的目标和范围，以及测试的目的和要求。

(2) 测试方法：描述测试过程中使用的测试方法和工具，以及测试的深度和广度。

(3) 测试结果：总结测试用例的执行情况、通过率、缺陷问题、分布情况等测试结果。

(4) 关键问题：指出测试过程中发现的影响软件产品质量的关键问题。

(5) 改进建议：根据测试情况，提出功能优化、性能提升、安全设置等改进建议。

需要提供客观、准确的测试结论，以便读者了解测试结果和软件系统的质量。同时，也需要提供具体的改进建议，以帮助开发团队进行软件修复和性能优化。特别注意：问题总结及建议，一定是项目真实测试过程中所发现的实质性问题及未来可落地执行的建议，参考如下。

问题总结及建议

本次测试总共发现 200 个缺陷，缺陷的主要出现原因有：未按需求文档进行开发而产生的缺陷；已修改且回归测试通过的功能缺陷在升级更换版本后，再次出现缺陷；开发人员完成开发后未进行自测，直接提交版本产生缺陷；不同浏览器的兼容问题产生的缺陷；不同业务操作流程或者顺序产生的缺陷。

一轮迭代测试的结果建议

（1）开发人员完善相关开发文档，应加强新功能开发后的自测过程，并不断优化系统架构。

（2）测试管理方面，应该对每位工程师的工作进度有详细的监控，加入同行评审机制，加强测试环境的角色权限控制，设计用例时要考虑多种方法，应交叉执行测试用例。

收获与成果

测试团队熟悉了具体项目的测试流程，进一步熟悉了测试工具的使用，增强了团队合作的能力，提升了风险防范和应对能力，加强了工作的规范意识(如文档、流程的规范化)。

10.3 软件质量评价总结

质量评价是测试团队对被测对象软件质量的一个综合总结，通过这个总结，项目经理决定软件产品能否上线，所以，质量评价一定要在实际数据基础上做出客观、公正严谨的评价，切忌弄虚作假。质量评价中需将当前软件的缺陷修复率与测试计划中的项目通过标准进行比较，并做出是否通过测试的判断，同时需写出因某些遗留缺陷而导致当前软件产品发布后可能存在的问题。在事实数据的基础上，给出测试是否通过的明确结果。软件质量评价的示例如下。

质量评价结论

××××公司测试部于×××年××月××日至×××年××月××日，采用 GB/T 25000.51-2010《软件工程 软件产品质量要求与评价(SQuaRE)商业现货(COTS)软件产品的质量要求和测试细则》等标准，以及《××××》作为测试依据，对"××××"项目在测试需求项、可靠性、兼容性、易用性、效率、用户文档集、性能等7个方面进行了测试。通过测试，对软件做出如下质量评价。

（1）根据《××××系统测试需求》中关于功能项的描述，梳理组合本次测试需求 XX 项，经过测试通过××项，未通过××项，符合《××××系统测试需求》中功能性技术要求。

（2）本次测试的主要功能包括：×××、×××、×××、×××、×××、×××等。该软件产品未提供产品说明和维护性方面的描述，故该软件产品说明和维护性测试结果为不适用。

测试结果：　　☑通过　　　　□部分通过　　　　□不通过

批准人：

批准日期：　　　　　　　　　　　　　　　　××××公司测试部

知 识 自 测

实 践 课 堂

任务一：完成缺陷的统计和分析

以"大理农文旅电商系统"为例，经过你所在测试小组严格的系统测试，请根据团队实际的用例执行情况及缺陷记录数据，选择 2 种方式对缺陷进行详细的统计。

任务二：完成测试结论的撰写

以"大理农文旅电商系统"项目的测试为例，小组团队分工协作，撰写一份软件测试总结报告(包括功能、兼容性、易用性、性能测试结论)，以测试团队的角色制作出项目测试情况汇报 PPT，进行汇报展演。

请在下面空白处，认真写下你在完整的测试过程中发现的问题，给出合理的建议，并撰写出客观、准确的测试结论。

学生自评及教师评价

学生自评表

序　号	课堂指标点	佐　证	达　标	未达标
1	测试报告定义	阐述出测试报告的定义		
2	测试报告作用	说出测试报告的作用		
3	测试报告编写原则	按测试报告编写原则撰写测试报告		
4	缺陷的统计和分析	能够对缺陷进行详细的统计和分析		
5	测试报告内容	能够撰写出一份合格的测试总结报告		
6	汇报测试结果	用PPT汇报展演项目测试情况		
7	测试结论	能够提供规范、客观、准确的测试结论		
8	客观、公平、公正	以真实数据为依据撰写测试总结报告		
9	协作精神	团队沟通,分工协作,汇报表达		

教师评价表

序　号	课堂指标点	佐　证	达　标	未达标
1	测试报告定义	阐述出测试报告的定义		
2	测试报告作用	说出测试报告的作用		
3	测试报告编写原则	按测试报告编写原则撰写测试报告		
4	缺陷的统计和分析	能够对缺陷进行详细的统计和分析		
5	测试报告内容	能够撰写出一份合格的测试总结报告		
6	汇报测试结果	用PPT汇报展演项目测试情况		
7	测试结论	能够提供规范、客观、准确的测试结论		
8	客观、公平、公正	以真实数据为依据撰写测试总结报告		
9	协作精神	团队沟通,分工协作,汇报表达		

模块 11

自动化测试

教学目标

知识目标

- ◎ 掌握自动化测试的定义和特点。
- ◎ 理解 Selenium 自动化测试工具的工作原理。
- ◎ 掌握 Selenium 自动化测试工具的安装部署。
- ◎ 了解如何使用 Selenium 自动化测试工具进行自动化测试。

能力目标

- ◎ 能够运用自动化测试工具开展简单的自动化测试工作。
- ◎ 使用 Selenium 自动化测试框架,了解它们的原理和使用方法。

素养目标

- ◎ 培养学生对软件企业相关岗位的认识,提升软件技术专业学习兴趣。
- ◎ 培养学生的系统思维、规范意识和职业素养水平。
- ◎ 培养学生细心、耐心和准确性的素养。

知识导图

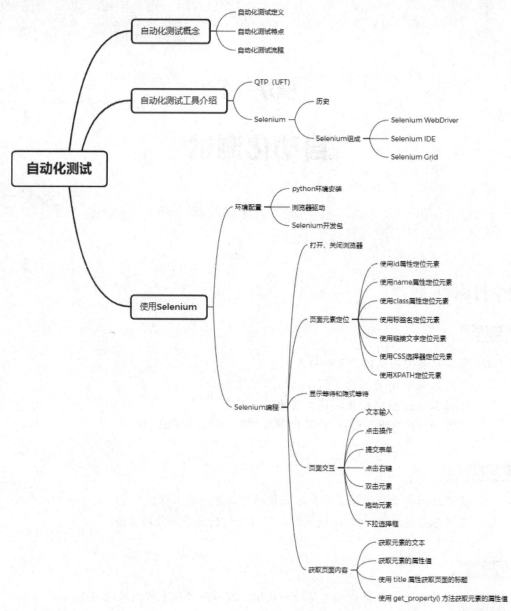

知识准备

11.1 自动化测试概述

自动化测试
（微课）

随着软件开发行业的快速发展，软件品质和测试效率越来越重要，在这种情况下，自动化测试被作为一种关键的解决方案。本模块将讲述自动化测试的概念、特性、实施步骤等方面的内容，以帮助读者更好地理解和应用自动化测试。

除此之外，还将介绍一些常用的自动化测试工具，如 QTP(UFT)、Selenium 等。本模块将着重介绍 Selenium，探讨其在自动化测试中的应用场景，以及如何使用它进行自动化测试。通过本模块的学习，你将能够了解自动化测试的基本概念和实施步骤，掌握常用的自动化测试工具，以及掌握如何使用 Selenium 进行自动化测试，从而提升软件测试的效率和品质。

11.1.1 自动化测试的定义

自动化测试是一种使用自动化工具和技术来执行测试的过程，它可以模拟用户操作，并在预设条件下对系统或应用程序进行测试，以验证软件系统的功能、性能和可靠性。自动化测试过程中，需要由自动化测试工具来执行测试用例、记录和报告测试结果等任务，从而大大提高测试效率和准确性，同时减少测试成本和时间。与手动测试相比，自动化测试具有更高的执行速度、更好的重复性和更低的人为错误率。自动化测试需要依赖自动化测试工具的使用。

根据应用范围和实现方式，自动化测试涵盖了软件开发过程中的以下阶段。

(1) 单元测试：针对代码中的独立单元进行测试，通常由开发人员编写和执行。单元测试的目的是确保每个代码单元(如函数、方法或类)按照预期工作，从而提高代码质量和可维护性。在单元测试阶段一般使用单元测试框架进行自动化测试，常见的测试框架有 JUnit、CppUnit、PyTest、MSTest 等。

(2) 集成测试：对多个组件或模块进行整体集成测试，通常由开发人员或专门的集成测试人员编写和执行。集成测试的目标是检查组件或模块之间的交互是否正确，以确保整个系统的协同工作。常见的自动化集成测试工具有 Citrus、TESSY、Testsigma 等。

(3) 系统测试：对整个系统进行完整性和功能性验证，通常由专门的系统测试人员编写和执行。系统测试旨在确保软件系统满足所有预定义的需求和规格，包括功能、性能、安全性和可用性等方面。常用的测试工具有 QTP、Selenium、WinRunner 等。

(4) 性能测试：对系统在不同负载情况下进行性能评估，通常由专门的性能测试人员编写和执行。性能测试包括负载测试、压力测试、稳定性测试等，旨在评估系统在各种负载和压力条件下的响应时间、吞吐量和资源利用率。常用的测试工具有 LoadRunner、KylinPET、NeoLoad 等。

(5) 接口/API 测试：对系统接口或 API 进行测试，通常由开发人员或专门的接口测试人员编写和执行。接口/API 测试的目的是验证接口或 API 的功能、性能和安全性，确保它们能够正确地与其他系统或组件进行交互。常用的测试工具有 Apache JMeter、PostMan 等。

除了以上几类自动化测试，还有其他类型的测试也可以选择使用自动化测试，如回归测试和安全测试等。

回归测试：在软件系统经过修改或更新后，对已经测试过的功能进行重新测试，以确保修改没有引入新的缺陷。回归测试可以使用自动化测试工具来提高效率和准确性。回归测试往往会执行多次，在回归测试中引入自动化测试能显著地提高测试效率、降低测试的成本。

安全测试：对软件系统的安全性进行评估，包括验证系统是否存在潜在的安全漏洞和风险。安全测试可以使用自动化工具来检测常见的安全威胁，如 SQL 注入、跨站脚本攻击(XSS)等。

11.1.2 自动化测试的特点与适用范围

1. 自动化测试的特点

1) 优点

自动化测试具有高效、一致和节省资源的优点。自动化测试具有以下几个显著特点。

(1) 提高测试效率：自动化测试可以快速执行大量测试任务，显著提高测试效率，节省测试人员的时间。通过使用自动化测试，测试人员可以更快速地执行测试用例，并且可以更有效地利用他们的时间和资源。由于不需要手动测试每个功能，不仅可以节省测试人员的时间，而且可以确保测试覆盖率和准确性。自动化测试还可以在夜间或周末执行，这样测试人员就有更多的时间来分析和处理测试结果，从而更好地管理他们的工作日程。

(2) 可重复性：自动化测试可以确保每次执行相同的测试用例时操作和验证都是一致的，从而提高测试结果的可靠性。在执行测试用例的时候，通常需要按照一定的步骤来操作软件，输入数据，然后验证软件的输出是否符合预期。在手动测试中，这些步骤往往需要人来执行，因此可能会因为人的因素，如疲劳、注意力不集中等情况，导致操作失误或者遗漏，从而影响测试结果的准确性。自动化测试可以消除这些人为因素，确保每次测试都以完全相同的方式执行，从而提供更准确、更可靠的测试结果。

(3) 降低测试成本：自动化测试脚本可以重复使用，降低了测试用例的执行成本。自动化测试脚本可以自动执行测试用例，无需耗费大量人力去手动测试。相比于手动测试，自动化测试可以节省大量的时间和人力成本。自动化测试可以快速执行大量测试任务，减少了测试时间。同时，由于测试过程的高度重复性，自动化测试可以有效地提高测试效率。

(4) 支持回归测试：自动化测试可以快速进行回归测试，避免代码修改对其他功能的影响，提高了软件质量。在软件开发过程中，经常需要对代码进行修改和更新。如果每次修改后都需要手动测试所有的功能，那么测试的成本将会非常高，效率也会非常低。自动化测试脚本可以自动执行所有的测试用例，快速地检测代码修改对软件功能的影响，从而快速进行回归测试，避免了手动测试的低效率和潜在错误。此外，自动化测试还可以确保回归测试的一致性。由于自动化测试脚本可以精确地重复执行相同的测试用例，每次回归测试的结果都是一致的，不会受到人为因素的影响。这有助于确保测试结果的准确性和可靠性，为软件质量的评估提供了稳定的基础。

(5) 支持多环境测试：自动化测试可以支持多种环境和平台，满足不断变化的测试需求，提高了测试覆盖率。现代的应用系统往往在不同的运行环境运行，每个软件环境都需要进行测试，这在人力、时间成本上是不可接受的，自动化测试可以发挥其优势与作用，由自动化测试工具在不同的软件环境中运行，完成测试工作。

(6) 减少人为错误：通过编写精确的测试脚本，自动化测试可以确保每次测试都以完全相同的方式执行，不会出现操作失误或者遗漏的情况。自动化测试还可以通过统计和数据分析工具对测试结果进行客观评估，减少主观判断和经验对测试结果的影响。

2) 缺点

虽然自动化测试在提高测试效率、降低测试成本、支持回归测试和多环境测试等方面具有显著优势，但自动化测试也存在以下缺点。

（1）自动化测试的适用范围并不是无限的。有些测试场景需要人为判断和决策。例如一些复杂的用户界面测试和用户体验测试等，这些测试场景难以通过自动化测试实现。

（2）自动化测试需要投入大量的时间和资源来开发测试脚本和测试框架。如果测试需求经常变化或者测试环境经常更新，维护自动化测试的成本可能会非常高。

（3）自动化测试结果可能受到环境、数据等因素的影响，需要进行分析和处理。自动化测试的测试结果可能会受到测试环境的影响，如网络环境、硬件配置、操作系统等因素都可能导致测试结果出现偏差。此外，测试数据也可能会影响测试结果，如测试数据的不完整、不准确或者不一致可能导致测试结果出现错误。因此，在自动化测试中，需要对测试环境和测试数据进行严格的控制和管理，以确保测试结果的准确性和可靠性。

（4）自动化测试无法发现更多缺陷，更适合缺陷预防而非发现。自动化测试在发现已知缺陷方面具有一定的优势，但在发现新的未知缺陷方面可能不如手动测试。这是因为自动化测试通常是按照预设的测试用例进行测试，而手动测试可以通过自由探索和随机测试来发现新的缺陷。

（5）自动化测试对测试用例的质量依赖性大，需要高质量测试用例作为基础。自动化测试的测试用例需要高质量的设计和编写，以确保测试的准确性和覆盖性。如果测试用例质量不高，如测试用例设计不充分、测试用例编写错误等，都可能导致自动化测试的失败或者误报。因此，在自动化测试中，需要注重测试用例的设计和编写，以确保测试用例的高质量和高覆盖性。

（6）自动化测试对测试人员的技术水平、测试过程管理都有较高要求。自动化测试往往要求测试人员有较强的分析问题、归纳问题的能力，还需要具备较高的编程能力，能使用各种自动化测试工具编写测试脚本程序。此外，对测试团队也要求具备良好的成本分析与控制手段，以及自动化测试计划编制与执行过程管控能力。

2. 自动化测试的适用范围

与手动测试相比，自动化测试能够高效地执行重复性测试任务，避免人为错误，提高测试效率和准确性。自动化测试可以作为手动测试强有力的补充，特别是在回归测试和跨平台测试方面。在合适的领域中广泛应用自动化测试，可以更好地确保测试的顺利实施，确保软件的质量和稳定性。

自动化测试适用的范围如下。

（1）重复性测试：对于那些需要重复执行的测试场景，例如测试相同的功能或者性能指标，自动化测试可以显著提高测试效率，减少测试人员的工作量。

（2）回归测试：在软件开发过程中，代码的修改可能会导致其他功能受到影响，自动化测试可以快速进行回归测试，确保软件的稳定性和质量。

（3）跨平台和环境测试：对于需要测试多种环境和平台的软件，例如跨多个操作系统、浏览器等，自动化测试可以支持多种环境和平台，提高测试覆盖率。

（4）长期和大规模的测试：对于需要长期进行大规模测试的场景，例如压力测试、性能测试等，自动化测试可以提高测试效率，减少测试人员的工作量。

（5）需要频繁执行的测试：对于那些需要频繁执行的测试场景，例如在每次构建或者发布之后都需要进行的测试，自动化测试可以提高测试效率，减少测试人员的工作量。

（6）持续集成测试：在持续集成中，自动化测试可以快速检测新提交的代码是否存在缺陷，确保代码的质量。

（7）安全性测试：自动化测试可以用于进行安全性测试，例如漏洞扫描、安全审计等，提高软件的安全性。

（8）大数据测试：对于需要处理大量数据的软件，自动化测试可以快速生成测试数据，进行性能和功能的测试。

11.1.3 自动化测试的流程

在实施自动化测试时，为了自动化测试的顺利执行，保证测试的质量，需要遵循一定的步骤。这些步骤不仅有助于确保自动化测试的有效性和可靠性，还可以帮助团队更好地协同工作，提高整体的软件测试效率。实施自动化测试的关键步骤，如图11.1所示。

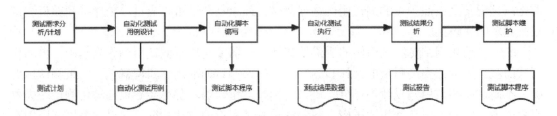

图 11.1　自动化测试的流程

（1）测试需求分析/计划：确定哪些测试任务适合自动化，并制订相应的测试计划。根据项目需求，选择合适的自动化测试工具和框架，如 QTP(UFT)、Selenium 等。

（2）自动化测试用例设计：根据"测试计划""软件需求规格说明书""系统测试用例"设计出针对自动化测试的测试用例。测试用例的粒度精确到单个功能点或流程，对于各个功能点的业务规则，通过对脚本添加相应的检查点来进行测试。该过程的产出物是"自动化测试用例"。

（3）自动化脚本编写：根据测试用例，录制、调试、编写各个功能点的自动化测试脚本，并添加检查点，进行参数化。该过程还需要编写数据文件处理脚本、日志文件处理脚本、数据库处理脚本、公共检查点处理脚本等。该过程的产出物是各个功能点的自动化测试脚本和其他公共处理脚本程序。

（4）自动化测试执行：搭建好测试环境，运行测试脚本，收集测试数据，对系统进行自动化测试并自动记录测试结果到日志文件中，为生成自动化测试报告做准备。

（5）测试结果分析：对测试结果文件中报告错误的记录进行分析，如果确实是由于被测系统的缺陷导致的则提交缺陷报告。对自动化测试的结果进行总结，分析系统存在的问题，撰写"测试报告"。

（6）测试脚本维护：测试脚本维护是指在测试过程中，对测试脚本进行更新、修复和优化的过程。自动化测试结束后，测试脚本还不能废弃，因为自动化测试在测试过程中需要反复执行，而且在产品上线后还要对软件进行适应性维护，仍然需要执行测试。所以在执行完自动化测试，还需持续维护脚本程序，方便未来使用。

11.2 自动化测试工具

测试工具能够进行部分的测试设计、实现、执行与比较的工作。通过运用测试工具，能够达到提高测试效率的目的。这里简要介绍两款自动化测试工具：QTP(UFT)、Selenium。

1. QTP(UFT)自动化测试工具介绍

QTP(UFT)，QuickTest Professional (Unified Functional Testing)，是 HP 公司开发的一种自动化测试工具。QTP 最初由 Mercury Interactive 公司创建，后来在 2006 年被惠普(HP)收购。2011 年，随着 11.5 版本的发布，该软件被重新命名为 UFT。UFT 的命名方式是按照版本发布的顺序进行，例如 UFT 12.x、UFT 14.x、UFT 15.x 等。在 2017 年 9 月 HPE 与 Micro Focus 合并后，Micro Focus 负责设计、支持和维护 UFT。2019 年 11 月，Micro Focus 将 UFT 更名为 UFT One。因此，当前软件的名称为 UFT One 2021、UFT One 2022 和 UFT One 2023。2023 年，Micro Focus 被 OpenText 收购。UTF 是一款商业软件，运行该工具需要购买相应的许可证，首次使用时有 30 天的免费试用期。

UFT 主要应用于功能测试、回归测试、Service Testing。使用 UFT、你可以在网页或者基于客户端 PC 应用程序上、自动模拟用户行为、在不同 Windows 操作系统及不同的浏览器间、为不同的用户和数据集测试相同的动作行为。

UFT 以 VBScript 作为脚本语言。VBScript 支持面向对象的编程思想，如果要使用 UTF 需要学习 VBScript 语言。

UFT 支持的浏览器有 Internet Explorer 6、7、8、9、10、11，Microsoft Edge，FireFox，Google，Safari。

支持的操作系统有 Windows XP，Windows Vista，Windows 7，Windows 8 / 8.1，Windows 10，Windows Server 2008/2012。

UFT 运行后，如图 11.2 和图 11.3 所示。

图 11.2　UFT 的脚本界面

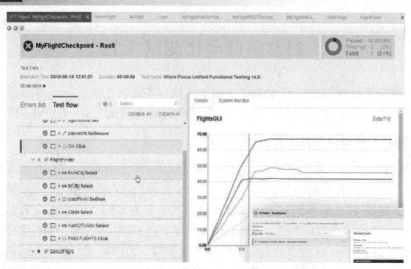

图 11.3　UFT 的运行界面

2. Selenium 介绍

Selenium 是一个用于 Web 应用程序测试的工具。Selenium 是涵盖一系列工具和库的项目，它们能够支持 Web 浏览器的自动化测试。Selenium 测试直接运行在浏览器中，就像真正的用户在操作一样。支持的浏览器包括 IE(7、8、9、10、11)，Mozilla Firefox，Safari，Google Chrome，Opera，Edge 等。

Selenium 于 2004 年由 ThoughtWorks 公司的 Jason Huggins 开发，基于 JavaScript 库，用于在不同浏览器上驱动交互。

2006 年，Google 测试工程师 Simon Stewart 为了解决 Selenium 的同源问题和对安全性方面的限制，开始研发 WebDriver，通过使用浏览器和操作系统原生方法与浏览器进行交互，以解决 Selenium 的痛点。

2008 年，WebDriver 与 Selenium 合并，形成了 Selenium WebDriver(Selenium 2.0)，结合两者各自的优势以弥补两者的劣势。

2016 年，Selenium 3 发布。这个版本并没有引入新的工具，主要加强了对浏览器的支持。通过 Selenium 团队的努力，以及各浏览器厂商的支持，Selenium 所使用的方法已经逐渐成为行业标准。

2018 年 6 月，WebDriver 成为 W3C 推荐应用，Mozilla、Google、Apple、Microsoft 陆续支持 WebDriver，并不断改进浏览器和浏览器控制代码，从而使不同浏览器之间的行为更加统一，自动化脚本的运行更加稳定。

2021 年，Selenium 发布 Selenium 4。在 Selenium 3 中，与浏览器的通信基于 JSON-wire 协议，因此 Selenium 需要对 API 进行编解码。Selenium 4 遵循 W3C 标准协议，Driver 与浏览器之间通信的标准化使得他们可以直接通信。

现在 Selenium 工具套件包括 Selenium 4 和 Selenium IDE。

(1) Selenium 4：Selenium WebDriver 是 Selenium 的发展方向，提供更面向对象的 API，完全兼容 WebDriver 接口。

(2) Selenium IDE：Selenium IDE 是基于 Chrome、Firefox 浏览器的插件，用于录制测

试脚本并导出生成各种编程语言脚本。

3. Selenium Grid

当测试脚本较多或需要在不同平台之间进行测试时，可以使用 Selenium Grid 提供分布式测试的功能，可提高测试执行效率。根据经验和需求选择合适的 Selenium 工具。对于编程语言经验较薄弱的可以从 Selenium IDE 入手，直接在浏览器插件中安装，界面如图 11.4 所示。对于有自动化测试经验的可以直接选择 Selenium WebDriver。测试需求增多或要求多平台测试时，可能需要考虑使用 Selenium Grid 来提高执行效率和覆盖面。

图 11.4　Selenium IDE 界面

11.3　Selenium 的安装和基础使用

11.3.1　Selenium 的安装

Selenium 是支持 Web 浏览器自动化的一系列工具和库的综合项目。它模拟用户与浏览器的交互。它提供了多种语言绑定的能力，包括 Python、Java、C#、Ruby 等，使得你可以使用不同的编程语言进行自动化测试。这里，选取 Python 作为工具语言来介绍 Selenium 的用法。

要使用 Selenium 进行自动化测试，需要了解 Selenium 的组成部件、及部件之间的协作关系。在使用 Selenium 时各个组件之间的关系，如图 11.5 所示。

Selenium 框架通过一种称为驱动的程序来与浏览器进行交互，在 Selenium 中模拟的用户操作，如单击、输入、下拉框等，由驱动程序发送给浏览器，而浏览器生成的结果也由驱动程序返回给 Selenium。Selenium 驱动程序支持多种浏览器，如 Chrome、Firefox、

Edge 等。

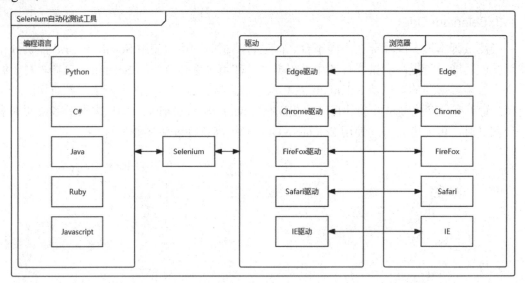

图 11.5　Selenium 架构

在开始使用 Selenium 进行自动化测试前，需要搭建 Selenium 的运行环境，环境准备如下。

1. Python 环境的安装

从 Python 的官网中下载官方发行版，打开网站 https://www.python.org/后，单击首页中的 Downloads，会显示当前最新的 Python 版本，如图 11.6 所示。

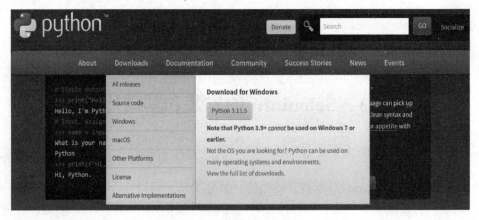

图 11.6　Python 官网首页

下载后启动安装程序，根据提示完成安装。注意，在安装的第一个界面，需要将 Add python.exe to PATH 选项选中，如图 11.7 所示。

在开始菜单中找到 Python，执行 IDLE 命令，启动 Python 的交互环境。如果能正常启动，则表示安装成功，如图 11.8 所示。

启动 IDLE 后，界面如图 11.9 所示。

图 11.7　Python 的安装界面

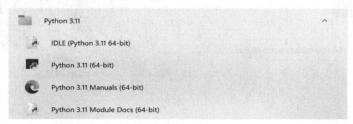

图 11.8　Python 环境安装完成

图 11.9　Python IDLE 界面

2. 浏览器及浏览器驱动

完成Python环境安装后，需要选择浏览器。在浏览器的选择上有较大的自由度，Selenium支持市面上主流的浏览器，这里选择Windows自带的Edge浏览器作为配套浏览器，如图11.10所示。如果使用其他的浏览器，则需要选择下载对应浏览器的驱动程序。

图 11.10　Edge 浏览器

之后，下载浏览器驱动。由于不同语言、不同浏览器、不同浏览器版本的Selenium驱动并不通用，所以下载的时候比较烦琐，需要下载匹配的浏览器驱动，这里需要根据所使用的语言、浏览器、浏览器版本仔细选择每一步，保证所下载驱动程序能正常使用。

如图11.11所示，进入Selenium官网https://www.selenium.dev/，单击Downloads，进入下载页面。

图 11.11　Selenium 官网首页

下载页面中显示支持的不同编程语言，需要根据所使用的编程语言下载对应的驱动程序。这里使用的是Python，单击Python下的链接，进入Python语言版驱动的下载页面，如图11.12所示。

进入Python版本驱动下载界面后，找到驱动程序列表，根据所选浏览器进入对应的页面，这里使用Edge浏览器，那么选择进入Edge驱动的界面，如图11.13所示。

进入Edge浏览器驱动的下载页面后，还需要提前确定浏览器的版本，再下载，如图11.14所示。

图 11.12　支持开发语言

Chrome:	https://chromedriver.chromium.org/downloads
Edge:	https://developer.microsoft.com/en-us/microsoft-edge/tools/webdriver/
Firefox:	https://github.com/mozilla/geckodriver/releases
Safari:	https://webkit.org/blog/6900/webdriver-support-in-safari-10/

图 11.13　Edge 浏览器驱动

图 11.14　不同版本驱动

打开 Edge 浏览器，在浏览器窗口右上角"..."菜单处，选择"帮助与反馈"下的"关于 Microsoft Edge"命令，进入浏览器"关于"界面，其他类型浏览器的操作与此相似，在浏览器的"关于"界面中能看到浏览器的版本信息。如图 11.15 所示，然后，根据这个版本去驱动下载页面下载对应版本的驱动。

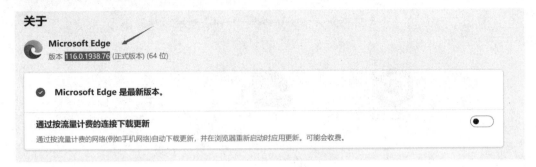

图 11.15　浏览器的版本

回到驱动下载页面,在该页面中找到与浏览器版本号匹配的驱动。我们使用的是微软 Windows64 位操作系统,这里选择"×64"版本下载,如图 11.16 所示。如果是其他操作系统,选择对应的版本下载即可。

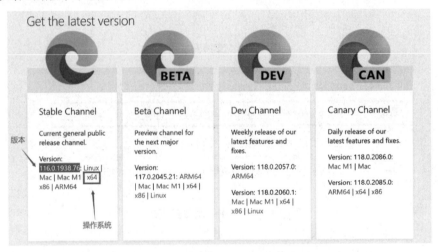

图 11.16　选择合适的版本下载

这里要注意,不一定能找到与版本号完全一致的驱动,这种情况下可以优先忽略小版本号,保证大版本的一致,如没有 116.0.1938.76 这个版本的驱动,那么可以忽略最后一个数字 6 找 116.0.1938.7 这个版本的驱动,如果还没有,那么继续忽略最后一个数字 7,找 116.0.1938 这个版本的驱动,目的是尽量找和版本号最接近的驱动。

驱动下载后是一个压缩包,如图 11.17 所示,这个压缩包需要解压到 Selenium 程序的位置。

图 11.17　驱动文件

3. Selenium 开发包的安装

Selenium 开发包的安装比较简单,用 Python 的 pip 包管理工具通过网络就可以直接安装。通过 Windows 的搜索框输入 CMD 或者 Powershell，启动 Windows 的命令行(CMD)或者 Powershell。在启动的窗口中输入 pip install selenium，如图 11.18 所示。

图 11.18 使用 pip 安装 Selenium 开发包

运行完成后，Selenium 的 Python 包安装完成。

最后，将驱动程序与 Selenium 程序放在一起，这样才能让驱动程序控制浏览器，完成 Selenium 程序指定的操作。

在合适的位置新建一个文件夹取名为 SeleniumTest。启动 Python 的 IDLE，选择 File→New File 命令，创建 Python 程序文件，命名为 mySelenium.py，并保存到刚才创建的 SeleniumTest 中，如图 11.19 所示。

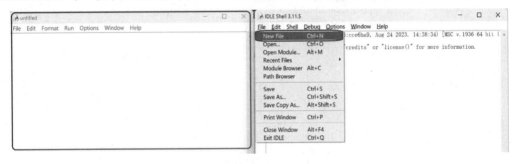

图 11.19 新建 Python 文件

再将下载的浏览器驱动程序，解压到同一个文件夹下，如图 11.20 所示。Selenium 的开发环境配置完毕，其中需要特别注意的是驱动版本，其他的配置过程都比较简单。

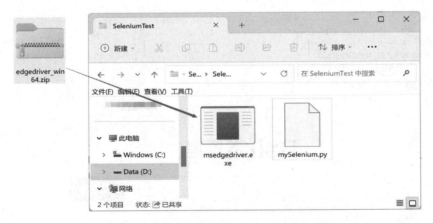

图 11.20 将驱动拷贝到同一位置

以打开、关闭浏览器为例，为了验证前边的配置是否正确，在这里写一个简单的 Selenium 程序，完成浏览器的启动、页面访问、关闭浏览器的操作。

用 Python 的 IDLE 打开 mySelenium.py 文件，编辑如下代码。

```
from selenium import webdriver
import time
#创建浏览器驱动
edgeDriver = webdriver.Edge()
#打开指定的网页地址
edgeDriver.get("https://www.baidu.com")
#等待5秒钟
time.sleep(5)
#关闭驱动
edgeDriver.quit()
```

完成后，在菜单栏选择 Run→Run Module 命令启动程序，如图 11.21 所示。

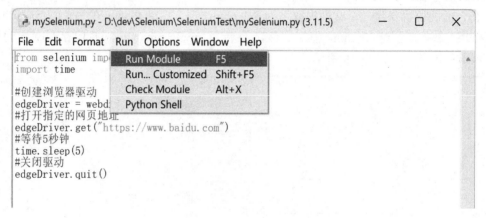

图 11.21　运行代码

如果程序和环境配置没有问题，会自动启动 Edge 浏览器，并打开百度的页面，等待 5 秒后，浏览器自动关闭，如图 11.22 所示。到这里 Selenium 的环境配置完成。

图 11.22　启动浏览器

这里，我们使用的是 Python 自带的 IDLE 环境，但是 IDLE 并不是一个好用的编程工具，使用它是为了流程的简单。建议使用 PyCharm、VS code 等集成开发环境，这些工具的功能不仅强大，也是企业中大量使用的工具。

11.3.2　Selenium 的基础使用

在做好准备工作后，就可以开始 Selenium 编程工作了，也就是使用 Python 编程语言编写自动化测试脚本。

以"大理农文旅电商系统"作为演示平台，模拟用户操作的流程来展示 Selenium 的基础用法。

1. 页面元素定位

前面展示了如何使用 Selenium 启动浏览器、打开页面、关闭浏览器等操作，现在在这个基础上讲解如何使用 Selenium 定位页面元素。

首先，参考前面的代码，修改一下网址，打开"大理农文旅电商系统"，如果要登录到网站中，这里需要输入账号与密码，要实现输入操作，首先需要定位到需要输入内容的页面元素上。对此，Selenium 提供了一系列的方法来实现定位操作，如下所示。

```
#导入 By 包，By 用于指定查找页面元素的方式，如 ID、NAME、CLASS、XPATH、CSS 等
from selenium.webdriver.common.by import By
#使用驱动的 find_element 方法查找页面元素
edgeDriver.find_element(查找方式, 方式对应的值)
```

（1）使用 id 属性定位元素。

在页面中，账号输入框使用的 input 标签，id 属性值为 username，以下代码展示使用标签的 id 属性进行定位。

```
from selenium import webdriver
from selenium.webdriver.common.by import By
import time

#创建浏览器驱动
edgeDriver = webdriver.Edge()
#打开指定的网页地址
edgeDriver.get("http://localhost:8080/actsystem/front/pages/login/login.html")
#找到账号输入框
userNameInput = edgeDriver.find_element(By.ID,'username')
#等待 5 秒钟
time.sleep(5)
#关闭驱动
edgeDriver.quit()
```

（2）使用 name 属性定位元素。

密码输入框使用的 input 标签，name 属性值为 password，以下代码展示使用标签的 name 属性进行定位。

```
from selenium import webdriver
from selenium.webdriver.common.by import By
import time

#创建浏览器驱动
edgeDriver = webdriver.Edge()
#打开指定的网页地址
edgeDriver.get("http://localhost:8080/actsystem/front/pages/login/login.html")
#找到密码输入框
passwordInput = edgeDriver.find_element(By.NAME,'password')
#等待5秒钟
time.sleep(5)
#关闭驱动
edgeDriver.quit()
```

(3) 使用 class 属性定位元素。

登录按钮使用的 button 标签，class 属性值为 main_backgroundColor，以下代码展示使用标签的 class 属性进行定位。

```
from selenium import webdriver
from selenium.webdriver.common.by import By
import time

#创建浏览器驱动
edgeDriver = webdriver.Edge()
#打开指定的网页地址
edgeDriver.get("http://localhost:8080/actsystem/front/pages/login/login.html")
#找到登录按钮
loginBtn = edgeDriver.find_element(By.CLASS_NAME,'main_backgroundColor')
#等待5秒钟
time.sleep(5)
#关闭驱动
edgeDriver.quit()
```

(4) 使用标签名定位元素。

页面上的登录框是一个 form 标签，以下代码展示使用标签名进行定位。

```
from selenium import webdriver
from selenium.webdriver.common.by import By
import time

#创建浏览器驱动
edgeDriver = webdriver.Edge()
#打开指定的网页地址
edgeDriver.get("http://localhost:8080/actsystem/front/pages/login/login.html")
#找到表单元素
form = edgeDriver.find_element(By.TAG_NAME,'form')
```

```
#等待 5 秒钟
time.sleep(5)
#关闭驱动
edgeDriver.quit()
```

(5) 使用链接文字定位元素。

页面上的注册用户链接是一个 a 标签,它的链接文字是"注册用户",以下代码展示使用链接文字进行定位。

```
from selenium import webdriver
from selenium.webdriver.common.by import By
import time

#创建浏览器驱动
edgeDriver = webdriver.Edge()
#打开指定的网页地址
edgeDriver.get("http://localhost:8080/actsystem/front/pages/login/login.html")
#找到链接元素
aTag = edgeDriver.find_element(By.LINK_TEXT,'注册用户')
#等待 5 秒钟
time.sleep(5)
#关闭驱动
edgeDriver.quit()
```

(6) 使用 CSS 选择器定位元素。

通过 CSS 选择器定位页面元素,账户输入框有 id 属性,可以使用 CSS 的选择器来定位到账户输入框,代码如下。

```
from selenium import webdriver
from selenium.webdriver.common.by import By
import time

#创建浏览器驱动
edgeDriver = webdriver.Edge()
#打开指定的网页地址
edgeDriver.get("http://localhost:8080/actsystem/front/pages/login/login.html")
#找到账号输入框
usernameInput = edgeDriver.find_element(By.CSS_SELECTOR,'#username')
#等待 5 秒钟
time.sleep(5)
#关闭驱动
edgeDriver.quit()
```

(7) 使用 XPATH 定位元素。

通过 XPATH 路径定位页面元素,密码输入框在页面中的 XPATH 路径为 loginForm,可以使用 CSS 的选择器来定位到账户输入框,代码如下。

```python
from selenium import webdriver
from selenium.webdriver.common.by import By
import time

#创建浏览器驱动
edgeDriver = webdriver.Edge()
#打开指定的网页地址
edgeDriver.get("http://localhost:8080/actsystem/front/pages/login/login.html")
#找到密码输入框
passwordInput = edgeDriver.find_element(By.XPATH,'//*[@id="loginForm"]/div[3]/input')
#等待5秒钟
time.sleep(5)
#关闭驱动
edgeDriver.quit()
```

2. 显式等待和隐式等待

对于自动化测试来说，页面加载过程往往是不可控的。网络带宽、服务器性能、网络传输、网页内容大小等都会影响页面加载。此外，现代流行的前后端分离开发方式，很多页面元素不会在页面加载完成后渲染出来，可能还要等到前端取得数据后，再根据情况渲染出来。

这些情况无疑为页面元素的定位带来了挑战，需要考虑很多情况，如页面加载后需要的元素没出现，是否需要等待；页面始终无法加载，是否应该结束。如果没有一个好的机制，无疑让代码的编写变得困难。

Selenium WebDriver 提供了两种不同的同步机制：隐式等待和显式等待。

隐式等待(Implicit Waits)是 Selenium WebDriver 的默认等待方式。当你设置一个隐式等待值时，WebDriver 会等待指定的时间，以便元素加载到页面上。如果在等待时间内元素加载了，则继续执行操作，否则抛出 NoSuchElementException 异常。隐式等待适用于整个程序，一次设置，全局有效。代码如下。

```python
from selenium import webdriver
from selenium.webdriver.common.by import By
import time
from selenium.common.exceptions import NoSuchElementException

#创建浏览器驱动
edgeDriver = webdriver.Edge()
#设置全局隐式等待10秒
edgeDriver.implicitly_wait(10)
#打开指定的网页地址
edgeDriver.get("http://localhost:8080/actsystem/front/pages/login/login.html")
#定位一个不存在的元素
#由于设置了10秒的隐式等待时间，页面加载完成后不会马上抛出异常；
```

```
#而是会等待 10 秒，并且在 10 内会一直尝试定位这个元素，如果找到则正常执行
#10 秒后找不到，抛出 NoSuchElementException
try:
    unknownElement = edgeDriver.find_element(By.ID,'notExist')
except NoSuchElementException as e:
    print("未找到指定页面元素")

#等待 5 秒钟
time.sleep(5)
#关闭驱动
edgeDriver.quit()
```

显式等待(Explicit Waits)是一种更灵活的等待方式。它允许你等待某个特定的条件成立，而不是等待一个固定的时间。可以使用 WebDriverWait 类与 expected_conditions 一起使用，来等待某个特定的条件成立。这种等待方式适用于动态网页中，当元素可能在一个不可预测的时间出现或消失时。代码如下。

```
from selenium import webdriver
from selenium.webdriver.common.by import By
from selenium.webdriver.support.ui import WebDriverWait
from selenium.webdriver.support import expected_conditions as EC
from selenium.common.exceptions import TimeoutException
import time

#创建浏览器驱动
edgeDriver = webdriver.Edge()
#打开指定的网页地址
edgeDriver.get("http://localhost:8080/actsystem/front/pages/login/login.html")

try:
    #定位一个不存在的元素
    #使用驱动和时间，创建一个 WebDriverWait 对象：WebDriverWait(驱动对象,时间(单位秒))
    #WebDriverWait 对象的 until 方法用于等待定位页面元素
    #EC.presence_of_element_located 作为一个等待条件
    unknownElement = WebDriverWait(edgeDriver, 10).until(
        #使用 ID 的方式定位页面元素
        EC.presence_of_element_located((By.ID, "notExist"))
    )
except TimeoutException as e:
    print("时间到后，未找到指定页面元素")

#等待 5 秒钟
time.sleep(5)
#关闭驱动
edgeDriver.quit()
```

3. 页面交互

打开页面、定位元素后，还需要能与页面进行交互，才能模拟真实的用户操作。这里就使用前边的代码，简单展示 Selenium 如何与页面进行交互。

(1) 文本输入与点击操作。代码如下。

输入文本：send_keys()方法。
点击元素：click()方法。

接下来，模拟用户完成登录操作。代码如下。

```python
from selenium import webdriver
from selenium.webdriver.common.by import By
import time

#创建浏览器驱动
edgeDriver = webdriver.Edge()

#打开指定的网页地址
edgeDriver.get("http://localhost:8080/actsystem/front/pages/login/login.html")

#找到账号输入框
userNameInput = edgeDriver.find_element(By.ID,'username')
#找到密码输入框
passwordInput = edgeDriver.find_element(By.NAME,'password')
#找到登录按钮
loginBtn = edgeDriver.find_element(By.CLASS_NAME,'main_backgroundColor')

#输入账号
userNameInput.send_keys("a2")
#输入密码
passwordInput.send_keys("123456")
time.sleep(1)#稍等一下，再点击登录按钮
loginBtn.click()

#等待5秒钟
time.sleep(10)
#关闭驱动
edgeDriver.quit()
```

(2) 提交表单：使用 submit()方法。代码如下。

```python
element = driver.find_element(By.ID,"myForm")
element.submit()
```

(3) 右击：使用 context_click()方法。代码如下。

```python
element = driver.find_element(By.ID,"myElement")
element.context_click()
```

(4) 双击元素：使用 double_click()方法。代码如下。

```python
element = driver.find_element(By.ID,"myElement")
element.double_click()
```

(5) 拖动元素：使用 drag_and_drop()方法。代码如下。

```python
source = driver.find_element(By.ID,"source")
```

```
target = driver.find_element(By.ID,"target")
source.drag_and_drop(target)
```

(6) 下拉选择框：使用 Select 对象。代码如下。

```
from selenium.webdriver.support.select import Select
# 根据索引选择
select(browser.find_element(By.ID,"myElement")).select_by_index("2")
# 根据 Option 标签的 value 属性选择
Select(browser.find_element(By.ID,"myElement")).select_by_value("value值")
#根据下拉选择框中的文本值选择
Select(browser.find_element(By.ID,"myElement")).select_by_visible_text("文本")
```

4．获取页面内容

(1) 获取元素的文本：使用 text 属性。代码如下。

```
element = driver.find_element(By.ID,"myElement")
print(element.text)
```

(2) 获取元素的属性值：使用 get_attribute()。代码如下。

```
element = driver.find_element(By.ID,"myElement")
#获取 class 属性的值
print(element.get_attribute("class"))
```

(3) 获取页面的标题：使用 title 属性。代码如下。

```
driver.get('https://www.example.com')
print(driver.title)
```

(4) 获取元素的属性值：使用 get_property()。代码如下。

```
element = driver.find_element(By.ID,"myElement")
#获取 style 属性的值
print(element.get_property("style"))
```

知 识 自 测

实 践 课 堂

任务一：使用 Selenium 进行自动化测试

在 Windows 系统中搭建 Selenium 自动化测试环境。以"大理农文旅电商系统 V1.0"为被测系统，设计自动化测试数据及操作，填写测试数据表和测试用例表，执行自动化测试并记录测试结果，完成以下自动化测试报告。

软件自动化测试报告

1. 自动化测试目标

2. 自动化测试环境(包括硬件、软件和网络环境)

3. 自动化测试数据(测试所使用的数据,包括输入数据和预期输出数据)

序号	输入数据	预期输出数据

4. 自动化测试用例

用例 ID	操作步骤	预期结果	实际结果	结论

5. 自动化测试总结(分析以上用例执行情况,对错误进行分析)

学生自评及教师评价

学生自评表

序 号	课堂指标点	佐 证	达 标	未达标
1	自动化测试概念	阐述出自动化测试的概念		
2	自动化测试适用范围	分析自动化测试特点与适用范围		
3	自动化测试优、缺点	阐述出自动化测试的优、缺点		
4	自动化测试工具介绍	运用自动化测试工具开展测试		
5	Selenium 介绍	阐述出 Selenium 的特点与原理		
6	Selenium 配置	安装部署配置 Selenium 环境		
7	Selenium 打开页面	运用 Selenium 自动化打开页面		
8	Selenium 定位元素	能够用不同方式定位页面元素		
9	Selenium 取得页面内容	使用 Selenium 获取页面的内容		
10	工匠精神	认真细心、专注钻研		
11	创新意识	专业学习、自主研究		

教师评价表

序 号	课堂指标点	佐 证	达 标	未达标
1	自动化测试概念	阐述出自动化测试的概念		
2	自动化测试适用范围	分析自动化测试特点与适用范围		
3	自动化测试优、缺点	阐述出自动化测试的优、缺点		
4	自动化测试工具介绍	运用自动化测试工具开展测试		
5	Selenium 介绍	阐述出 Selenium 的特点与原理		
6	Selenium 配置	安装部署配置 Selenium 环境		
7	Selenium 打开页面	运用 Selenium 自动化打开页面		
8	Selenium 定位元素	能够用不同方式定位页面元素		
9	Selenium 取得页面内容	使用 Selenium 获取页面的内容		
10	工匠精神	认真细心、专注钻研		
11	创新意识	专业学习、自主研究		

模块 12

质 量 管 理

教学目标

知识目标

◎ 掌握软件质量的定义。
◎ 掌握软件质量保障和质量控制的定义和区别。
◎ 了解 SQA 的定义和过程。
◎ 了解软件测试与质量保障的关系。
◎ 理解全面质量管理和 PDCA 循环的思想。
◎ 理解软件质量模型中的度量特性分析。

能力目标

◎ 能够运用软件质量管理的思想来保证软件项目的质量。
◎ 能够结合质量特性分析和挖掘测试需求点。

素养目标

◎ 树立学生的软件项目质量保障意识。
◎ 培养学生运用科学思维解决问题、具备科学精神。

知识导图

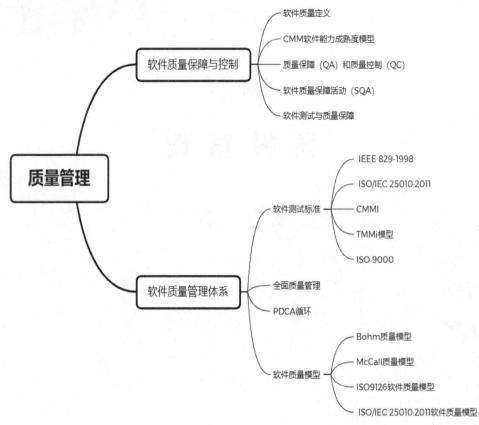

知识准备

12.1 软件质量保障与控制

软件质量保证与控制(微课)

12.1.1 软件质量

1994 年，国际标准化组织公布的 ISO 8042 将软件质量定义为：反映实体满足明确和隐含需求的能力特性的总和。软件质量是产品、组织和体系或过程的一组固有特性，反映它们满足顾客和其他相关方面要求的程度。

在 2006 年发布的中华人民共和国国家标准《信息技术——软件工程术语》(GB/T 11457—2006)中定义软件质量如下。

(1) 软件产品中能满足给定需要的性质和特性的总体。
(2) 软件具有所期望的各种属性的组合程度。
(3) 顾客和用户觉得软件满足其综合期望的程度。
(4) 确定软件在使用中将满足顾客预期要求的程度。

12.1.2 软件能力成熟度模型

软件能力成熟度模型(Capability Maturity Model for Software，英文缩写为 SW-CMM，简称 CMM)是对于软件组织在定义、实施、度量、控制和改善其软件过程的实践中各个发展阶段的描述。CMM 的核心是把软件开发视为一个过程，并根据这一原则对软件开发和维护进行过程监控和研究，以使其更加科学化、标准化、使企业能够更好地实现商业目标。

CMM 是一种用于评价软件能力并帮助其改善软件质量的方法，侧重于软件开发过程的管理及工程能力的提高与评估。CMM 分为五个等级：一级为初始级；二级为可重复级；三级为已定义级；四级为已管理级；五级为优化级。

CMM 将软件过程的成熟度分为 5 个等级，以下是 5 个等级的基本特征。

(1) 初始级(Initial)：工作无序，项目进行过程中常放弃当初的计划；管理无章法，缺乏健全的管理制度；开发项目成效不稳定，项目成功主要依靠项目负责人的经验和能力，他一旦离去，工作秩序面目全非。

(2) 可重复级(Repeatable)：管理制度化，建立了基本的管理制度和规程，管理工作有章可循；初步实现标准化，开发工作比较好地按标准实施；变更依法进行，做到基线化，稳定且可跟踪，新项目的管理基于过去的实践经验，具有复现以前成功项目的环境和条件。

(3) 已定义级(Defined)：开发过程，包括技术工作和管理工作，均已实现标准化、文档化；建立了完善的培训制度和专家评审制度，全部技术活动和管理活动均可控制，对项目进行中的过程、岗位和职责均有共同的理解。

(4) 已管理级(Managed)：产品和过程已建立了定量的质量目标；开发活动中的生产率和质量是可度量的；已建立过程数据库；已实现项目产品和过程的控制；可预测过程和产品质量趋势，如预测偏差，及时纠正。

(5) 优化级(Optimizing)：可通过采用新技术、新方法，集中精力改进过程；具备预防缺陷、识别薄弱环节以及改进的手段；可取得过程有效性的统计数据，并可据此进行分析，从而得出最佳方法。

12.1.3 质量保障和质量控制

质量保障(Quality Assurance，QA)，在早期的职责就是测试(主要是系统测试)，后来，由于缺乏有效的项目计划和项目管理，留给系统测试的时间很少。另外，需求变化太快，没有完整的需求文档，测试人员就只能根据自己的想象来测试，测试很难保障产品的质量。因此，事先预防的质量保障 QA 就应运而生。

QA 类似于过程警察，主要职责是检查开发和管理活动是否与已定的过程策略、标准和流程一致；检查工作产品是否遵循模板规定的内容和格式。在这些企业中，一般还要求 QA 独立于项目组，以保障评价的客观性。QA 工作本身就很具挑战性。它要求 QA 具有软件工程的知识、软件开发的知识、行业背景的知识、数理统计的知识、项目管理的知识、质量管理的知识等。

质量控制(Quality Control，QC)，在 ISO8402：1994 中的定义是"为达到质量要求所采取的作业技术和活动"。

QA 与 QC 的基本职责如下。

QC：检验产品的质量，保证产品符合客户的需求，是产品质量的检查者。

QA：审计过程的质量，保证过程被正确执行，是过程质量的审计者。

对照上面的管理体系模型，QC 进行质量控制，向管理层反馈质量信息；QA 则确保 QC 按照过程进行质量控制活动，按照过程将检查结果向管理层汇报。这就是 QA 和 QC 工作的关系。在这样的分工原则下，QA 主要检查项目是否按照过程进行了某项活动，是否产出了某个产品；而 QC 来检查产品是否符合质量要求。

12.1.4 软件质量保障活动

软件质量保障(Software Quality Assurance，SQA)是建立一套有计划、有系统的方法，来向管理层保证拟定出的标准、步骤、实践和方法能够正确地被所有项目所采用。软件质量保障有以下 5 个基本目标。

目标 1：软件质量保障工作是按计划进行的。

目标 2：客观地验证软件项目产品和工作是否遵循恰当的标准、步骤和需求。

目标 3：将软件质量保障工作及结果通知给相关组别和个人。

目标 4：高级管理层能接触到在项目内部不能解决的不符合类问题。

目标 5：软件质量需要通过全面的测试工作来保证。

一个项目的主要内容包括成本、进度、质量。良好的项目管理就是综合三方面的因素，平衡三方面的目标，最终依照目标完成任务。项目的这三个方面是相互制约和影响的，有时对这三方面的平衡策略甚至成为企业级的要求，决定了企业的行为。我们知道 IBM 的软件是以质量为最重要目标的，而微软的"足够好的软件"策略更是耳熟能详，这些质量目标其实立足于企业的战略目标。所以用于进行质量保障的 SQA 工作也应当立足于企业的战略目标，从这个角度思考 SQA，形成对 SQA 的理论认识。

软件界已经达成共识：影响软件项目进度、成本、质量的因素主要是"人、过程、技术"。首先要明确的是这三个因素中，人是第一位的。在很多企业中，将 SQA 的工作和 QC、软件工程过程小组、组织级的项目管理者的工作混合在一起了，有时甚至更加注重其他方面的工作而没有做好 SQA 的本职工作。中国《论语·先进》中就有"过犹不及"一说。虽然 CMM 是一个很优秀的模型，但是现在许多实施 CMM 的人员沉溺于 CMM 的理论过于强调"过程"，这也是很危险的。从某种意义上各种敏捷开发模型的提出就是对强调过程的一种反思。"XP"极限编程中的一个思想"人比过程更重要" 是值得我们思考的。在进行过程改进中也要坚持"以人为本"，强调过程与人的和谐统一。

SQA 作为一种应用于整个软件过程的活动，它包含以下几点。

(1) 选择一种质量管理方法。

(2) 有效的软件工程技术(方法和工具)。

(3) 在整个软件过程中采用的正式技术评审。

(4) 实行一种多层次的测试策略。

(5) 对软件文档及其修改的控制。

(6) 保证软件遵从软件开发标准。

(7) 具有度量和报告机制。

SQA 小组的职责是辅助软件工程小组得到高质量的最终产品。SQA 小组完成以下工作。

(1) 为项目准备 SQA 计划。该计划在制订项目规定项目计划时确定，由所有感兴趣的相关部门评审。

(2) 参与开发项目的软件过程描述；评审过程描述以保证该过程与组织政策，内部软件标准，外部标准以及项目计划的其他部分相符。

(3) 评审各项软件工程活动，对其是否符合定义好的软件过程进行核实；记录并跟踪与过程的偏差。

(4) 审计指定的软件工作产品，对其是否符合事先定义好的需求进行核实；对产品进行评审，识别、记录和跟踪出现的偏差；对是否已经改正进行核实；定期将工作结果向项目管理者报告。

(5) 确保软件工作及产品中的偏差已记录在案，并根据预定的规程进行处理。

(6) 记录所有不符合的部分并报告给高级领导者。

12.1.5 软件测试与质量保障

软件测试和质量保障是软件质量工程的两个不同层面的工作。软件测试只是软件质量保障工作的一个重要环节。

质量保障(QA)的工作是通过预防、检查和改进来保证软件质量。QA 采取的方法主要是按照"全面质量管理"和"过程管理与改进"的原则展开工作。在质量保障的工作中会包含一些测试活动，但它所关注的是软件质量的检查和测量。因此，其主要工作着眼于软件开发活动中的过程、步骤和产物，并不是对软件进行剖析，找出问题和评估。测试虽然也与开发过程紧密相关，但它所关心的不是过程的活动，而是结果。测试人员要对过程中的产物(开发文档和源代码)进行静态审核，运行软件，找出问题，报告质量甚至评估，而不仅是为了验证软件的正确性。当然，测试的目的是为了去证明软件有错，否则就违背了测试人员的本职了。因此，测试虽然对提高软件质量起了关键的作用，但它只是软件质量保障中的一个重要环节。

很少有人从非技术角度去分析这两者的区别，从公司业务出发，QA 的工作是相对前置的，并可能含有某种公关性质；而软件测试相对后置，是内部层面的工作。这也同样验证了两者的本质区别，即："软件测试和软件质量保障是软件质量工程的两个不同层面的工作。软件测试只是软件质量保障工作的一个重要环节。"

12.2 软件质量管理体系

12.2.1 软件测试标准

软件测试标准是软件开发和测试过程中需要遵循的一系列规范和标准，它有助于提高软件的质量和可靠性。一些常见的软件测试标准如下。

(1) IEEE 829-1998，也被称作《软件测试文档集》，是描述软件测试文档的标准。它包括了测试计划、测试设计说明、测试详细规格、测试报告、测试结果以及测试历史的文档要求。

(2) ISO/IEC 25010:2011，是描述软件产品质量的国际标准。它包括了功能正确性、性能效率、可靠性、易用性、可维护性、可移植性、满足需求等各方面的要求。

(3) CMM，即能力成熟度模型集成，是一个针对软件开发过程的改进框架。它包括了五个不同的成熟度级别，每个级别都包含了不同的过程域，描述了需要进行改进的过程域以及相应的实践。

(4) 测试成熟度模型整合即 TMMi 模型(Test Maturity Model integration)是一种评估和改进测试过程的框架。它基于 CMMI(软件能力成熟度模型集成)框架，并针对测试活动做出了相应的调整和扩展。TMMi 模型通过评估测试团队的成熟度，帮助组织发现和解决测试过程中的问题，并提供改进测试活动的指导。

(5) ISO 9000 是指质量管理体系标准，它不是指一个标准，而是一类标准的统称。ISO 9000 是由质量管理体系技术委员会制订的。1996 年，中国政府部门如：电子部、石油部、建设部等逐步将通过 ISO9000 认证作为政府采购的条件之一，从而推动了中国 ISO9000 认证事业迅速发展。2000 年国际标准化组织 ISO 修改发布了 ISO9000-2000 系列标准，更适应新时期各行业质量管理的需求。2008 年 8 月 20 日，ISO(国际标准化组织)和 IAF(国际认可论坛)发布联合公报，一致同意平稳转换全球应用最广的质量管理体系标准，实施 ISO9001:2008 认证。

2000 版 ISO 9000 系列标准包括以下一组密切相关的质量管理体系核心标准。

(1) ISO 9000《质量管理体系结构 基础和术语》，表述质量管理体系基础知识，并规定质量管理体系的术语。

(2) ISO 9001《质量管理体系 要求》，规定质量管理体系要求，用于证实组织具有提供满足顾客要求和适用法规要求的产品的能力，目的在于增加顾客满意。

(3) ISO9004《质量管理体系 业绩改进指南》，提供考虑质量管理体系的有效性和效率两方面的指南。该标准的目的是促进组织业绩改进和使顾客及其他相关方满意。

ISO 9000 系列标准被很多国家采用，包括欧盟的所有成员，加拿大、墨西哥、美国、澳大利亚、新西兰和太平洋地区。为了注册成为 ISO 9000 系列标准中包含的质量保障系统模型中的一种，一个公司的质量系统和操作应该由第三方审计者仔细检查，查看其标准的符合性以及操作的有效性。成功注册之后，这一公司将收到由审计者所代表的注册实体颁发的证书。此后，每半年进行一次检查性审计。

ISO 9001 是应用于软件工程质量保障的标准。这一标准中包含了高效的质量保障系统必须体现的 20 条需求。因为 ISO9001 标准，适用于所有的工程行业，因此，为帮助解释该标准在软件过程中的使用而专门开发了一个 ISO 指南的子集 ISO 9000-3。

ISO 9001 描述的需求涉及管理责任、质量系统、合约评审、设计控制、文档和数据控制，产品标识和跟踪，过程和控制，审查和测试，纠正和预防性动作，质量控制记录，内部质量审计，培训，服务以及统计技术的主题。

这些标准不仅提供了对软件测试的要求和指南，也有助于软件开发和测试团队更好地理解和管理软件开发和测试的过程，提高软件的质量和可靠性。

12.2.2 全面质量管理

全面质量管理(Total Quality Management，TQM)是一种以质量为中心，通过让顾客满意和利益相关者受益，长期、持久地实现组织成功的管理理念。TQM 以开发、设计、制造、销售、服务和管理等全方位的质量管理活动为基础，通过持续改进和追求卓越质量，实现长期的成功。

TQM 的主要原则包括以顾客为中心、领导作用、全员参与、过程方法、系统管理、持续改进和基于事实的决策方法。这些原则强调了质量在组织中的重要性，以及管理层在推动质量改进中的领导作用、员工参与、跨部门协作、基于数据的决策方法和持续改进的重要性。TQM 管理理念的目标包括以下四个方面。

(1) 关注客户：收集和研究客户的期望和需求，测量和管理客户满意度。
(2) 过程改进：降低过程的变化性，实现持续的过程改进，包括商业过程和产品过程。
(3) 质量的人性化要素：在全组织内营造质量文化，重点包括领导能力、管理承诺、全员参与、职员授权及其他社会、心理、人文因素。
(4) 度量和分析：推进所有质量参数的持续改进。

TQM 的优点包括提高产品质量、降低成本、提高顾客满意度和增强企业竞争力。为了有效地实施 TQM，组织需要制订质量管理计划，包括明确的质量目标、实施步骤、时间表和资源分配等。此外，组织还需要建立质量管理体系，确保质量管理活动的标准化和规范化。

TQM 与统计技术密切相关，包括控制图、抽样检验、统计过程控制(SPC)技术等。这些为组织提供了有效的工具，用于识别和解决质量问题，以及持续改进产品质量。

总之，TQM 是一种全面的质量管理方法，通过实施 TQM，企业可以不断提高产品质量，增强竞争优势，实现可持续发展。

12.2.3 PDCA 循环

PDCA 循环是全面质量管理的一种工作方式，最早由美国质量管理专家戴明提出来的，所以又称为"戴明环"。它由四个阶段组成：计划(Plan)、执行(Do)、检查(Check)和行动(Action)，如图 12.1 所示。

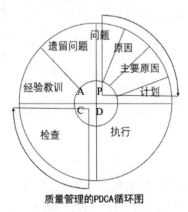

图 12.1　PDCA 循环

在计划阶段(Plan)，管理者设定目标、制订计划和行动方案。这个阶段需要回答的问题包括："我们要去哪里？""我们的目标是什么？""我们需要做什么来实现这些目标？"。

在执行阶段(Do)，具体的任务被执行，包括根据计划布局进行具体操作。这个阶段需要关注的是"谁在负责执行任务？""任务应该在什么时候完成？""任务如何完成？"。

在检查阶段(Check)，管理者检查执行的结果，确认是否达到了预期的目标。这个阶段需要回答的问题包括："我们是否达到了我们的目标？""我们学到了什么？""我们发现了什么问题？"。

在行动阶段(Action)，根据检查结果进行修正和改进。成功的经验被标准化并推广，失败的教训被总结并引起重视。这个阶段需要回答的问题包括："我们如何改进我们的流程？""我们如何防止类似的问题再次发生？"。

PDCA 循环是一种持续改进的过程，需要反复进行。在每次循环中，都可以对前一循环中发现的问题进行改进，从而使整个系统更加完善。

12.2.4 软件质量模型

1. Bohm 质量模型

早在 1976 年，Boehm 和他的同事提出了软件质量模型的分层方案，将软件的质量特性定义成分层模型，第一层是软件质量要关注的要素，第二层和第三层是软件每个质量要素进行细分后的质量因子。该模型是基于更为广泛的一系列质量特征，它包含了硬件性能的特征，如图 12.2 所示。

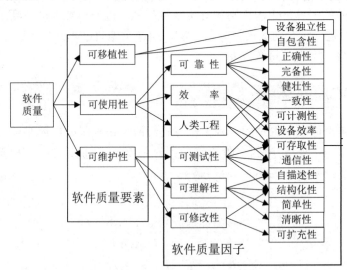

图 12.2 Bohm 质量模型

2. McCall 质量模型

1979 年 McCall 等人改进了 Boehm 质量模型，又提出了一种软件质量模型，我们称之为 McCall 质量模型，质量模型中的质量概念基于 11 个特性之上，这 11 个特性分别面向软件产品的运行、修正、转移，如图 12.3 所示。McCall 等人认为，特性是软件质量的反映，软件属性可用作评价准则，量化地度量软件属性可用来判别软件质量的优劣。

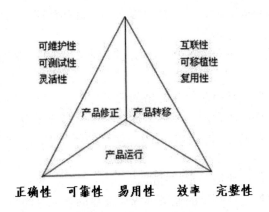

图 12.3　McCall 质量模型

3. ISO IEC 9126 软件质量模型

20 世纪 90 年代早期，软件工程组织试图将诸多的软件质量模型统一到一个模型中，并把这个模型作为度量软件质量的一个国际标准。国际标准化组织 1991 年颁布了 ISO 9126—1991 标准《软件产品评价-质量特性及其使用指南》，其中 ISO/IEC 9126 软件质量模型由 6 个特性和 27 个子特性组成，如表 12.1 所示，是一种评价软件质量的通用模型，它包括 3 个层次：①质量特性；②质量子特性；③度量指标。我国也在 1996 年颁发了同样的软件产品质量评价标准 GB/T 16260—1996。

表 12.1　ISO 9126 软件质量模型

质量特性	功能性	可靠性	易用性	效率	维护性	可移植性
质量子特性	适合性	成熟性	易理解性	时间特性	易分析性	适应性
	准确性	容错性	易学性	资源利用性	易改变性	易安装性
	互操作性	易恢复性	易操作性		稳定性	共存性
	保密安全性		吸引性		易测试性	易替换性
	功能性的依从性	可靠性的依从性	易用性的依从性	效率依从性	维护性的依从性	可移植性的依从性

其中 27 个质量子特性的解释如下。

(1) 适合性：软件产品为指定的任务和用户目标提供一组合适功能的能力。①软件提供了用户所需要的功能。②软件提供的功能是用户所需要的。

(2) 准确性：软件提供给用户功能的精确度是否符合目标。例如，运算结果的准确，数字发生偏差，多个 0 或少个 0。

(3) 互操作性：软件与其他系统进行交互的能力。例如，PC 机中 Word 和打印机完成打印互通，接口调用。

(4) 保密安全性：软件保护信息和数据的安全能力。主要是权限和密码。

(5) 功能性的依从性：遵循相关标准。国际、国内标准、行业标准、企业内部规范。

(6) 成熟性：软件产品为避免软件内部的错误扩散而导致系统失效的能力。

(7) 容错性：软件防止外部接口错误扩散而导致系统失效的能力。

(8) 易恢复性：系统失效后，重新恢复原有的功能和性能的能力。

(9) 可靠性的依从性：遵循相关标准。

(10) 易理解性：软件交互给用户的信息，要清晰，准确且要易懂，使用户能够快速理解软件。

(11) 易学性：软件使用户能学习其应用的能力。

(12) 易操作性：软件产品使用户能易于操作和控制它的能力。

(13) 吸引性：软件产品吸引用户的能力，如软件产品中颜色使用和图形化设计特征是否吸引用户。

(14) 易用性的依从性：遵循一定的标准。

(15) 时间特性：软件处理特定的业务请求所需要的响应时间。

(16) 资源利用性：软件处理特定的业务请求所消耗的系统资源。

(17) 效率依从性：遵循一定的标准。

(18) 易分析性：软件提供辅助手段帮助开发人员定位缺陷产生的原因，判断出修改的地方。

(19) 易改变性：软件产品使得指定的修改容易实现的能力。降低修复问题的成本。

(20) 稳定性：软件产品避免由于软件修改而造成意外结果的能力。

(21) 易测试性：软件提供辅助性手段帮助测试人员实现其测试意图。

(22) 维护性的依从性：遵循相关标准。

(23) 适应性：软件产品无须作相应变动就能适应不同环境的能力。

(24) 易安装性：尽可能少地提供选择，方便用户直接安装。

(25) 共存性：软件产品在公共环境中与其他软件分享公共资源共存的软件。

(26) 易替换性：软件产品在同样的环境下，替代另一个相同用途的软件产品的能力。

(27) 可移植性的依从性：遵循相关的标准。

4. ISO/IEC 25010:2011 软件质量模型

ISO/IEC 9126 (1991年发布)是一个软件质量的评估标准，后来被最新的软件质量标准ISO/IEC 25010:2011(2011年发布)取代。新标准的产品质量特性多了安全性和兼容性，如图12.4所示。

系统软件产品质量							
功能适合性	性能效率	兼容性	易用性	可靠性	安全性	维护性	可移植性
功能完整性	时间特性	共存性	可辨识性	成熟性	保密性	模块化	适应性
功能正确性	资源利用性	互操作性	易学性	可用性	完整性	可重用性	易安装性
功能适当性	容量		易操作性	容错性	抗抵毁性	易分析性	易替换性
			用户差错防止性	易恢复性	可核查性	易修改性	
			用户界面舒适性		可鉴别性	易测试性	
			易访问性				

图12.4 ISO/IEC 25010: 2011 软件产品质量特性

知 识 自 测

实 践 课 堂

任务一：需求阶段的质量控制

以"大理农文旅电商系统"为例，填写软件项目质量控制表格，完成需求阶段的质量控制。

需求阶段的质量控制最重要的手段是要规范填写质量控制文档并进行评审。需求人员完成需求文档以后，填写需求《预审问题表》。

预审问题表

文档编号：			文件类型：	
编写人：			审核人：	
文件状态：	受控		受控范围：	公司
项目名称			项目编号	
评审时间			评审性质	预审
评审类别	[]计划 [√]需求 []设计 []测试 []验收 []总结			
评审任务				
预审问题				
No.	问题描述		需求编写者	评审员

《预审问题表》是要提交给每个评审人员，进行需求文档评审的。质量管理人员根据评审结果，填写《需求分析过程检查表》。

需求分析过程检查表

检查内容	实施情况		评价 (10 分制)
是否对项目的需求分析和管理活动分配任务和进度？	□是 □否(说明原因)：	□项目开发计划书/项目开发计划表 □需求分析活动描述 □责任人	
是否对用户的需求进行收集？	□是 □否(原因说明)： □可选	□项目需求调研 □项目功能清单 □其他用户文档	
是否对用户需求进行检查并与用户的一致？	□是 □否(原因说明)： □可选	□项目需求调研评审 □用户代表确认/签字 □项目经理确认/签字 □其他人员确认	
系统分析人员是否接收过相关培训？	□是 □否(原因说明)：	已具备能力 正式培训 小组培训 自学	
系统分析结果是否形成文档	□需求规格说明书/需求表 □系统功能清单 □否(原因说明)：	□评审问题清单(可选) □评审通知和确认表(可选) □项目评审表 □项目评审问题追踪表 □评审人员签字 □批准人确认/签字 □评审时间 □验证人签字 □SQA 人员验证	
文档格式是否正确？	□是 □否(说明原因)：	□文件编号 □配置项编号 □项目版本号 □审核人 □审核时间 □批准人 □批准时间 □符合模板	
需求规格说明书是否按计划完成？	□是 □否(说明原因)：	□按计划完成： □提前完成并评审 □按计划完成并评审 □按计划完成，评审延迟 □未按计划完成，延迟 天 □采取纠正措施	
需求是否被标识、管理、度量、跟踪和关闭？	□是 □否(说明原因) □没有变更 □否(原因说明) □不适用	□需求跟踪矩阵表： □需求被唯一标识 □需求状态被描述 □统计需求个数	

续表

检查内容		实施情况	评价 (10 分制)
配置人员是否管理项目的配置情况？	□是 □否(说明原因)：	□ 管理需求基线 □ SCM 基线报告 （频率） □ 配置报告分发给相关人员	
SQA 是否定期检查项目的需求分析活动，标识偏离项目计划的内容？	□是 □否(说明原因)：	软件过程审计报告(频率) □ 审计报告分发给相关人员	

在需求文档评审后，质量管理人员要进行问题跟踪，填写需求阶段的《评审问题跟踪表》，直到需求文档满足评审要求为止。

评审问题跟踪表

文档编号：　　　　　　　　　　文件类型：

编 写 者：

文件状态：　　　　　受控　　　　　受控范围：　　　公司

项目名称		项目编号	
评审时间		评审性质	评审
评审类别	[ ]计划　[√]需求　[ ]设计　[ ]测试　[ ]验收　[ ]总结		
跟踪问题			
No.	问题描述		缺陷级别
记录员签名		项目经理确认	
问题修改			
	问题修改后描述		是否解决
作者签名		项目经理确认	

任务二：测试阶段的质量控制

以"大理农文旅电商系统"为例，填写软件项目质量控制表格，完成测试阶段的质量控制。

测试阶段的质量控制手段是使用缺陷管理工具进行缺陷管理和跟踪，直到系统满足测试退出标准或用户需求，测试人员提交系统《测试报告》。对于《测试报告》，根据需求来评审测试情况，首先要填写测试《预审问题表》，根据评审结果再填写《软件测试阶段过程的检查表》。

软件测试阶段过程的检查表

检查内容		实施情况	评价 (10 分制)
是否有测试计划？	□系统	□评审问题清单(可选)	
	□集成	□评审通知和确认表(可选)	
	□其他情况	□ 项目评审表	
		□ 项目评审问题追踪表	
		□ 评审人员签字	
		□ 批准人签字	
		□ 评审时间	
		□ 验证人签字	
		□ SQA 人员验证	
是否有测试用例？	□系统	□评审问题清单(可选)	
	□集成	□评审通知和确认表(可选)	
	□其他情况	□ 项目评审表	
		□ 项目评审问题追踪表	
		□ 评审人员签字	
		□ 批准人签字	
		□ 评审时间	
		□ 验证人签字	
		□ SQA 人员验证	
文档格式是否正确？	□是	□ 文件编号	
		□ 配置项编号	
		□ 项目版本号	
	□否(说明原因)：	□ 审核人	
		□ 审核时间	
		□ 批准人	
		□ 批准时间	
		□ 符合模板	
测试计划是否按计划完成？	□ 是	□ 按计划完成：	
		□ 提前完成并评审	
	□否(说明原因)	□ 按计划完成并评审	
		□ 按计划完成，评审延迟	
		□ 未按计划完成，延迟　　天	
		□ 采取纠正措施	

续表

检查内容		实施情况	评价(10 分制)
测试用例是否按计划完成？	☐是	☐ 按计划完成： ☐ 提前完成并评审 ☐ 按计划完成并评审 ☐ 按计划完成，评审延迟。 ☐ 未按计划完成，延迟　　天 ☐ 采取纠正措施	
	☐否(说明原因)		
	☐否(说明原因)：		
测试变更是否遵守变更流程？	☐是	变更请求 修改描述 变更批准 变更通知 新版本发布	
	☐否(说明原因)：		
是否形成测试需求与功能需求的追溯表？	☐是	☐需求跟踪矩阵表	
	☐否(说明原因)：		
测试缺陷和结果是否形成记录？生成缺陷和测试覆盖率的总结报告？	☐是	☐测试分析报告 ☐测试问题报告	
	☐否(说明原因)：		
更新的缺陷是否经过回归测试，确认正确，结果形成记录？	☐是	☐取用版本正确 ☐测试问题报告 ☐验证人 ☐缺陷描述	
	☐否(说明原因)：		
测试中是否采用测试工具或测试程序？	☐是	☐测试工具 ☐测试工具版本 ☐测试程序说明 ☐纳入配置受控库	
	☐否(说明原因)：		
是否定义了评估测试结果的标准？	☐是	☐测试完成标准说明	
	☐否(说明原因)：		
测试完成后，是否进行测试的技术检查？测试验收后的产品是否可集成为验收测试版本？	☐是	☐项目组成员或相关人员确认 ☐项目验收评审 ☐验收运行程序 ☐测试分析报告	
	☐否(说明原因)：		
配置人员是否管理项目的配置情况？	☐是	☐ 管理测试基线 ☐ SCM 基线报告　(频率) ☐ SCM 基线变更状态报告　(频率) ☐ 配置报告分发给相关人员	
	☐否(说明原因)：		
SQA 是否定期检查项目的测试活动，标识偏离项目计划或组织结构的内容？	☐是	软件过程审计报告 ☐ 审计报告分发给相关人员	

最后，质量管理人员要进行问题跟踪，直到全部的缺陷解决并满足需求；测试阶段存在的问题需要填写《评审问题跟踪表》。直到测试过程满足评审要求为止。

学生自评及教师评价

学生自评表

序　号	课堂指标点	佐　证	达　标	未达标
1	软件质量定义	阐述出软件质量的定义		
2	质量保障和质量控制的区别	辨析出质量保障和质量控制的区别		
3	软件质量保障活动(SQA)定义	能将SQA思想应用于整个软件过程活动		
4	软件测试与质量保障的关系	阐述出软件测试与质量保障的关系		
5	软件测试标准	能查阅并参考常见的软件测试标准		
6	全面质量管理	阐述出全面质量管理的定义和原则		
7	PDCA循环	阐述出PDCA循环的四个阶段		
8	软件质量模型	运用软件质量模型中的度量特性分析软件		
9	质量保障意识	客观公正地做好质量控制与质量保障工作		
10	科学精神	具备标准规范意识,用科学思维解决问题		

教师评价表

序　号	课堂指标点	佐　证	达　标	未达标
1	软件质量定义	阐述出软件质量的定义		
2	质量保障和质量控制的区别	辨析出质量保障和质量控制的区别		
3	软件质量保障活动(SQA)定义	能将SQA思想应用于整个软件过程活动		
4	软件测试与质量保障的关系	阐述出软件测试与质量保障的关系		
5	软件测试标准	能查阅并参考常见的软件测试标准		
6	全面质量管理	阐述出全面质量管理的定义和原则		
7	PDCA循环	阐述出PDCA循环的四个阶段		
8	软件质量模型	运用软件质量模型中的度量特性分析软件		
9	质量保障意识	客观公正地做好质量控制与质量保障工作		
10	科学精神	具备标准规范意识,用科学思维解决问题		

参 考 文 献

[1] Glenford J. Myers, Tom Badgett, Todd M. Thomas, Corey Sandler. 软件测试的艺术[M]. 张晓明，黄琳，译. 北京：机械工业出版社，2012.

[2] 姜大源. 工作过程系统化：中国特色的现代职业教育课程开发[J]. 顺德职业技术学院学报，2014(3).

[3] 张正金，石宝金. 基于项目驱动的《软件测试》课程教学研究[J]. 巢湖学院学报，2018(3).

[4] 郭文欣. 以软件需求为导向的软件测试实践教学探索[J]. 科技创新导报，2019(34).

[5] 谭凤，宁华. 软件测试技术[M]. 2版. 北京：清华大学出版社，2020.

[6] 郭文欣. 浅析企业如何应用 STEP 模型进行软件测试过程改进[J]. 电脑知识与技术，2020，16(04)：209-210.

[7] 赵聚雪，杨鹏. 软件测试管理与实践[M]. 北京：人民邮电出版社，2018.

[8] 顾海花. 软件测试技术[M]. 3版. 北京：电子工业出版社，2021.

[9] 李菊，张丽. 基于工作过程的软件测试技术教学的改革[J]. 电脑知识与技术，2021(02).

[10] 付春子，唐海涛，徐进. 软件测试管理系统的研究与应用[J]. 现代计算机，2023(10).

[11] 王燕妮. 敏捷开发模式下的小程序项目质量管理研究[D]. 北京邮电大学，2020.

[12] 陈志勇，马利伟，万龙. 全栈性能测试修炼宝典 JMeter 实战[M]. 北京：人民邮电出版社，2016.

[13] 魏娜娣，李文斌，裴军霞. 软件性能测试：基于 LoadRunner 应用[M]. 北京：清华大学出版社，2012.

[14] 刘晓洪，翁代云，李咏霞. 软件技术概论与基础[M]. 北京：电子工业出版社，2023.

[15] 陈晓伍. Python Web 自动化测试设计与实现[M]. 北京：清华大学出版，2019.

[16] Storm. 接口自动化测试持续集成[M]. 北京：人民邮电出版社，2019.

[17] 赵良福，王世签，郑科鹏. 软件自动化测试研究[J]. 有线电视技术，2018(06).

[18] 赵瑞刚. 软件工程项目质量管理研究[J]. 中国管理信息化，2020(20).

[19] 范锋，梁栋，苏志. 全面质量管理对企业的益处[J]. 设备管理与维修，2022(20).

[20] Watts S. Humphrey，William R. Thomas. 软件管理沉思录：SEI 的项目管理、人际沟通和团队协作要诀[M]. 黄征，成慧，刘然，译. 北京：人民邮电出版社，2012.

知识自测 参考答案